国家科学技术学术著作出版基金资助出版

KEY THEORIES IN REASONING PSYCHOLOGY
WITH EMPIRICAL COMPARISONS

推理心理学主要理论及实证比较

胡竹菁　胡笑羽◎著

科学出版社

北　京

内 容 简 介

本书首先简要介绍了推理心理学的含义、产生和发展历史，以及主要的实验范式，然后从发展阶段、主要内容、实验证据等方面对西方这一领域具有代表性的心理逻辑理论、心理模型理论、双重加工理论和条件概率理论进行了较为详尽的述评，最后从理论和实验证据两个方面论述了本书提出的推理题与推理者的推理知识双重结构模型。

本书可作为心理学专业大学生和研究生的参考用书，也可供对推理心理学、思维心理学、认知心理学等领域感兴趣的读者参阅。

图书在版编目（CIP）数据

推理心理学主要理论及实证比较 / 胡竹菁，胡笑羽著. —北京：科学出版社，2024.9
ISBN 978-7-03-067743-3

Ⅰ.①推⋯　Ⅱ.①胡⋯ ②胡⋯　Ⅲ.①推理-心理学-研究　Ⅳ.①B84-05

中国版本图书馆 CIP 数据核字（2020）第 271831 号

责任编辑：朱丽娜　冯雅萌 / 责任校对：何艳萍
责任印制：赵　博 / 封面设计：润一文化

科 学 出 版 社 出版
北京东黄城根北街 16 号
邮政编码：100717
http://www.sciencep.com

三河市春园印刷有限公司印刷
科学出版社发行　各地新华书店经销
*
2024 年 9 月第 一 版　开本：720×1000　1/16
2025 年 2 月第二次印刷　印张：14 1/2
字数：243 000
定价：**99.00 元**
（如有印装质量问题，我社负责调换）

目　　录

第一章

推理心理学概述

第一节　逻辑学对推理的定义和分类

一、逻辑学有关推理的定义

推理（inference，又译为推论）是人类特有的心理活动。在心理学家对人类推理的心理加工过程产生研究兴趣之前，就有学者对人类推理这种心理现象进行了研究，古希腊著名哲学家亚里士多德还为此创建了逻辑学。

随着现代科学的不断发展，人类推理活动吸引了越来越多不同学科的研究者。Krawczyk（2018）在《推理：关于我们如何思考的神经科学》（*Reasoning：The Neuroscience of How We Think*）一书中指出，推理研究已成为心理学、神经科学、哲学、经济学、计算机科学和商务学等多个不同学科的研究对象。

在现代推理心理学（reasoning psychology 或 inference psychology）研究领域中，其主要概念的定义几乎都源于逻辑学，因此在了解推理心理学相关内容之前，有必要先了解逻辑学的相关内容。

Copi 等（2014）所编写的教材《逻辑学导论》（*Introduction to Logic*）中对"逻辑学"一词的定义是：逻辑学（logic）是用于区分正确推理与不正确推理的方法和原理的研究。由这一定义可知，推理和逻辑学这两个概念是密不可分的。

根据逻辑学的有关原理，推理是由命题组成的（《普通逻辑》编写组，2011）。因此，在了解推理心理学的含义前，还有必要了解有关"命题"（proposition）这一概念的含义和逻辑特性。

所谓命题,是通过语句来反映事物情况的思维形式。根据命题本身是否包含其他命题,可以把一切命题分为简单命题(simple proposition)和复合命题(compound proposition) 两大类。

简单命题是本身不包含其他命题的命题,它的变项是概念。根据命题所反映的是事物的性质还是事物的关系,可以把简单命题分为性质命题(传统逻辑学称之为直言命题) 和关系命题两种类型。

复合命题是本身包含其他命题的命题,它的变项是命题。在复合命题中,作为其组成部分的命题叫肢命题,把肢命题联结起来的语词叫联结词。根据联结词的不同,可以把复合命题分为联言命题、选言命题、假言命题和负命题等不同类型。

任何命题都包括内容和形式两个方面。命题内容是指命题所反映的事物情况,命题形式是指命题内容的联系方式, 即命题的逻辑形式。

Copi 等(2014)把推理定义为"通过一个或几个命题推出一个新命题的过程"。《普通逻辑》一书对推理的定义与此相似,即推理是一个命题序列,它是从一个或几个已知命题推出一个新命题的思维形式 (《普通逻辑》编写组, 2011)。

任何推理都可以表示为:P, 所以 Q。其中, P 表示推理所根据的命题,通常将其称为前提 (premise);Q 表示由前提所推出的新命题,通常将其称为结论 (conclusion)。

二、逻辑学对推理形式的分类

推理的形式是多种多样的, 不同学者根据不同的标准对推理形式所进行的分类也不相同。《普通逻辑》一书根据推理的性质(指前提和结论之间是否有蕴涵关系),把推理分为必然性推理和或然性推理两大类别:必然性推理就是我们通常所说的演绎推理,其前提与结论的联系是必然的;或然性推理包括归纳推理和类比推理两种类型,这两种推理从前提到结论的过渡性质是或然的 (《普通逻辑》编写组, 2011)。

就哲学上的一般意义而言,演绎、归纳、类比三者是一起定义的。演绎是指从一般性原理到个别性论断的推理,归纳是指从个别性例证到一般性原理的推理,类比则是从个别到个别或者从一般到一般的推理。三者代表着不同的思维进程或思维方向（陈波，2014）。

推理中的前提可以是一个，也可以是多个。当推理中的前提为两个时，该推理就被称为三段论（syllogism）推理。Copi 等（2014）对三段论推理给出的定义是"指任何从两个前提中推出一个结论的推理"。

需要注意的是：三段论推理的前提和结论的内容可以由具有不同内涵的命题构成，相应地，三段论推理也就可以被区分为不同的类型，常见的主要有以下三大类。

1. 范畴三段论推理

由范畴命题（categorical proposition，又译为性质命题或直言命题）构成的三段论推理称为范畴三段论（categorical syllogism，或称性质三段论）推理，如例 1-1 所示。

例 1-1
所有的M都是P
所有的S都是M
所以，所有的S都是P

就一般意义而言，三段论推理指的就是这一类推理，本书把这一类推理统称为范畴三段论推理。

2. 关系三段论推理

由关系命题（relational proposition）构成的三段论推理称为关系三段论（relational syllogism）推理，心理学研究中的线性三段论（linear syllogism）推理和只含两个前提的空间推理（spatial reasoning）都属于这种推理，如例 1-2 和例 1-3 所示。

例 1-2
A>B
B>C
所以，A>C

例 1-3
珠江在长江之南
长江在黄河之南
所以，珠江在黄河之南

3. 假言三段论推理

由假言命题构成的三段论推理称为假言三段论（hypothetical syllogism）推理，如例 1-4 所示。

例 1-4

如果P，那么Q

P

所以，Q

使用心理学研究方法对人类推理进行研究时，需要特别注意逻辑学中有关推理的有效性的界定：在逻辑学理论中，推理的有效性指的是推理形式的有效或无效，它只与推理形式有关，而与推理前提的内容的真假无关（《普通逻辑》编写组，2011），如下面三个范畴三段论推理例子所示。

例 1-5

所有的金属都有光泽

所有的钢都是金属

所以，所有的钢都有光泽

例 1-6

所有的金属都是固体

所有的钢都是金属

所以，所有的钢都是固体

例 1-7

所有的金属都是固体

所有的水银都是金属

所以，所有的水银都是固体

从内容上说，第二个推理题中有一个前提是假的，第三个推理题中不仅有一个前提是假的，而且结论也是假的。但从形式上说，这三个三段论推理题具有相同的推理形式，其推理的逻辑形式都是如例 1-1 所示的第一格（figure）AAA 式。因此，从逻辑学角度看，这三个范畴三段论推理都是有效的推理题。

除了上述由两个前提和一个结论构成的三段论推理形式之外，推理形式也可以由一个前提和一个结论构成，这种推理被称为直接推理；还可以由两个及以上的前提和一个结论构成，例 1-8 所示的推理题就是包含四个前提和一个结论的空间推理题。

例 1-8

B在A的右边

C在B的左边

D在C的前面

E在B的前面

因此，D在E的左边

第二节　推理心理学的产生、含义和类别

一、推理心理学的产生

心理学是研究心理现象的科学（彭聃龄，2012）。通常认为，心理学作为一门独立的科学诞生于 1879 年，此后，各种心理学研究的分支学科相继诞生。

就一般意义而言，推理心理学属于心理学的重要分支学科之一，即认知心理学。例如，著名认知心理学家 Anderson（2015）所著的《认知心理学及其启示》（第8 版）（*Cognitive Psychology and its Implications*，8th edition），以及 Eysenck 和 Keane（2015）所著的《认知心理学》（第 7 版）（*Cognitive Psychology*，7th edition）教材中都有专门一章内容来论述心理学对"人类推理"这一心理现象研究的成果。但是，通常认为认知心理学诞生于 19 世纪 50 年代中期，而心理学对推理的研究则要早很多。

根据 Woodworth 和 Sells（1935）以及 Politzer（2004）的文章，推理心理学研究最早可以追溯到 Störring 从 1908 年起在《心理学全档案》（*Archiv für die gesamte Psychologie*）杂志上所发表的有关三段论推理的系列实验研究。Woodworth 和 Sells（1935）的参考文献中列出了 Störring 从 1908—1926 年在该杂志上发表的四篇学术论文（Störring，1908，1925，1926a，1926b）及其在其他杂志上发表的一篇学术论文（Störring，1926c）。Politzer 则在其 2004 年发表的文章中明确指出：德国心理学家 Störring 于 1908 年起所进行的三段论推理的系列实验研究是推理心理学研究的起点。

根据 Politzer（2004）的介绍，Störring 于 1908 年实施的实验研究中将关系推理和范畴三段论推理的推理题作为实验材料，Politzer 的文章主要对 Störring 有关范畴三段论推理的实验结果做了简要介绍。Politzer 指出，Störring（1908）的实验研究目的主要是探索在当时的逻辑学家中存在争议的以下两个问题：①任何结论的推断都是以空间表征为基础的吗？②推理结论是通过综合的方法还是通过比较

的过程推断出来的?

他的实验以抽象内容的方式,即以不同的字母作为三段论推理中的主项、谓项和中项,将由此构成的推理题作为实验材料,以个别测量的方式进行。实验过程中,主试在被试做每一道题目时都会重复呈现指导语,以视觉方式呈现刺激,直到被试做出反应,并要求被试给出完全肯定的回答。Störring 对被试回答题目的反应时进行了测量,并以此作为因变量。

按现代心理学实验的研究标准来评价,该论文没有明显的研究假设,没有关于实验设计的描述,没有统计处理,也仅有四位被试,因此,其研究结果对现代推理心理学的影响并不是很大,但作为公开发表的第一篇推理心理学实验论文,Störring 的开创性研究在推理心理学的产生和发展过程中仍然具有重要意义。另外,现代推理心理学实验研究的主要目的在于探索什么因素会影响推理者通过推理过程得出正确推理结论。Störring 在论文中所讨论的三段论的格对推理者推理行为存在影响的研究思路,对后面部分推理心理学研究者进一步设计实验研究三段论推理形式各种构成要素会如何影响推理者的推理行为还是有很大启发意义的。

二、推理心理学的含义

从 1908 年 Störring 发表第一篇推理心理学研究论文算起,心理学家对推理心理学这一属于认知心理学领域的研究至今已有 110 多年的历史,在发展过程中积累了大量的研究成果。虽然不同推理心理学研究领域之间存在着实验研究范式和理论解释等方面的不同,但各种推理心理学研究的共同点在于:它们都是以逻辑学中各种不同性质的推理题作为实验研究中的自变量,通过不同的心理学实验研究设计而进行的研究。因此,笔者将"推理心理学"这一概念定义为:用心理学的研究方法,以逻辑学中各种不同推理形式的推理题作为实验材料,对人类推理的有关心理加工规律进行科学研究的心理学分支。根据这一定义,我们可以把推理心理学的学科属性视为心理学与逻辑学的交叉学科。

三、推理心理学的类别

如前所述,对推理心理学进行分类的标准主要体现在实验过程中使用什么性质的逻辑题作为实验材料，换言之，使用什么类型的推理题作为实验材料，通常就把该研究范式称为同名称的心理学研究范式。例如，若使用范畴三段论推理题作为实验材料，就把该研究范式称为范畴三段论推理研究范式；若使用空间推理题作为实验材料，就把该研究范式称为空间推理研究范式。

不同的推理心理学家在进行推理心理学的实验研究时，基本上都是以逻辑学中各种不同性质的推理题作为自变量来构建实验材料，通过分析被试对实验材料的推理结果来寻找人类推理过程中有关的心理加工规律，因此，逻辑学对人类推理有多少种不同类别的区分，理论上也就有多少种不同类别的推理心理学实验研究范式。

一般而言，形式逻辑学把人类推理分为演绎推理、归纳推理和类比推理三大类别，因此，推理心理学就有对应这三种类型的心理学研究范式。除了这三种类别的推理之外，概率心理学也是现代推理心理学的主要内容，因此，相应的推理心理学实验研究范式也就大致可以分为下面所述的四种类型。

1. 演绎推理心理学的实验范式

演绎推理心理学的实验范式是指用演绎推理题作为实验材料所进行的心理学研究的实验范式。如前所述，在逻辑学中，命题包括简单命题和复合命题两大类别。心理学对由简单命题构成的演绎推理的实验研究主要包括范畴三段论推理、线性三段论推理等推理形式，对由复合命题构成的演绎推理的实验研究主要包括条件推理（含四卡问题）、选言推理（含 THOG 问题）和联言推理等不同的推理形式。

需要指出的是，推理心理学研究中的命题推理（propositional reasoning）所含的内容实际上是指逻辑学中的复合命题推理（compound propositional reasoning）。此外，虽然也有心理学家以含有联言命题的推理题作为实验材料来研究推理者进行联言推理时的有关心理加工规律（Kahneman et al., 1982），但这类研究在推理心理学研究体系中的影响相对较小，因此，本书第二章在介绍有关复合命题推理的心理学实验研究时，将主要介绍选言推理和假言推理这两个领域的心理学实验研究范式。

2. 归纳推理心理学的实验范式

归纳推理心理学的实验范式是指用归纳推理题作为实验材料所进行的心理学研究的实验范式。在推理心理学研究中，归纳推理心理学的实验范式主要包含三种：① Hull（1920）的概念形成（concept evolves）实验范式；②Bruner 等（1956）的概念获得（concept attainment）实验范式；③Wason 和 Johnson-Laird（1968）的"2-4-6 任务"（2-4-6 task）实验范式。

3. 类比推理心理学的实验范式

类比推理心理学的实验范式是指用类比推理题作为实验材料所进行的心理学研究的实验范式。在推理心理学研究中，这类实验范式主要包括四项比例式、比喻式和问题式等三种类型。

4. 概率推理心理学的实验范式

概率推理心理学的实验范式是指将不同类型的推理题作为实验材料进行推理后，要求推理者对结论给出概率解的心理学研究的实验范式。在逻辑学中，通常把概率推理视为归纳推理的一种类别（陈波，2014），但在心理学研究中，通常把概率推理视为与演绎推理、归纳推理和类比推理等并列的实验范式。

除了上述四大类别的心理学研究之外，最近还有学者以道义推理（deontic reasoning）等其他推理领域的推理题作为实验材料进行研究。

第三节　推理心理学的主要内容

一、推理心理学以往研究的主要内容

任何研究领域的研究成果积累到一定程度时，就会有学者对该领域的成果进行汇总，以供对这一研究领域感兴趣的学者集中参考。从现有出版文献来看，从一定程度上而言，Wason 和 Johnson-Laird 于 1968 年出版的《思维和推理》（*Thinking and Reasoning*）一书是推理这一研究领域的第一本学术论文集。

在综合分析前人研究成果的基础上，1972 年，Wason 和 Johnson-Laird 又将这一领域的研究成果按一定的逻辑思路编写成《推理心理学：结构和内容》（*Psychology of Reasoning：Structure and Content*）一书，在一定意义上，该书是推理心理学研究领域的第一本学术专著。该书所含的 19 章内容可被视为 20 世纪 70

年代初期推理心理学的主要内容①。

上述两本书出版后，除了不同领域的学术专著外，每隔几年都会有不同的心理学家编写类似的心理学论文集或教材。例如，比较著名的推理心理学教材有 Evans（1982）的《演绎推理心理学》（*The Psychology of Deductive Reasoning*）、Holland 等（1986）的《引论：推理、学习和发现的过程》（*Induction：Processes of Inference，Learning，and Discovery*）、Evans 等（1993）的《人类推理》（*Human Reasoning*）、Menktelow（1999）的《推理和思维》（*Reasoning and Thinking*）、Menktelow（2012）的《思维和推理》（*Thinking and Reasoning*）、Krawczyk（2018）的《推理：关于我们如何思考的神经科学》。

Menktelow（2012）编写的《思维和推理》一书的出版时间与 Wason 和 Johnson-Laird 于 1972 年出版的首部教材的时间正好相隔 40 年。该书的 10 章内容可被视为当代推理心理学的主要内容②。

与 Wason 和 Johnson-Laird 于 1972 年出版的首部教材相比较，Menktelow 于 2012 年出版的《思维和推理》这本教材介绍的推理心理学经典实验研究中增加了"归纳推理""概率推理""决策""意义推理"等行为研究实验范式，此外，第 5 章和第 6 章有关"推理的解释"实际上是介绍推理心理学的著名理论，这里提到的几种推理心理学著名理论与后面提到的 Eysenck 和 Keane（2015）所著的《认知心理学》（第 7 版）所介绍的推理心理学著名理论大致相同。

Krawczyk（2018）所著的《推理：关于我们如何思考的神经科学》一书则侧重于从"推理的神经机制""个体推理能力的起源和终身发展""推理的跨特种比较"等角度来论述与人类推理研究相关的内容，同时还介绍了"类比推理""社会认知：与他人在一起时的推理"等心理学实验范式的相关研究。

---

① 《推理心理学：结构和内容》一书目录为：第 1 章：导论；第 2 章：否定：基本现象；第 3 章：否定：情绪因素；第 4 章：否定：上下文效应；第 5 章：命题推理中的否定；第 6 章：命题推理中的谬误；第 7 章：纯推理和生活中的推理；第 8 章：演绎因素；第 9 章：关系推理的含义和形象化描述；第 10 章：量词推理：气氛效应理论；第 11 章：三段论推理；第 12 章：含量词的直接推理；第 13 章：假设检验：正确与错误；第 14 章：假设检验：解释；第 15 章：假设检验：错误的规避与结构；第 16 章：一般规则的发现；第 17 章：规则的理解；第 18 章：不正常推理；第 19 章：结论。

② 《思维和推理》一书目录为：第 1 章：关于概率的判断和思维；第 2 章：推理研究：经典研究；第 3 章：命题推理；第 4 章：意义推理；第 5 章：推理的解释：早期理论；第 6 章：推理的解释：新范式；第 7 章：假设思维：归纳和检验；第 8 章：决策形成：推断和预期；第 9 章：上下文决策；第 10 章：思维，推理和你。

就现有可查资料而言，国内心理学工作者编写的有关推理心理学的学术专著相对较少，主要有王亚同（1999）的《类比推理》（河北大学出版社）、胡竹菁（2000b）的《演绎推理的心理学研究》（人民教育出版社）、胡竹菁和朱丽萍（2007）的《人类推理的心理学研究》（高等教育出版社）、史滋福和张庆林（2009）的《贝叶斯推理的心理学研究》（吉林大学出版社）、王墨耘（2013）的《当代推理心理学》（科学出版社）、蒋柯（2015）的《归纳推理的心理学研究》（世界图书出版公司）。

总的来说，笔者认为可以把推理心理学知识体系的主要内容划分为基本概念、经典实验、推理的认知神经机制和著名理论等四个方面。

在基本概念方面，推理心理学研究领域中诸如推理、演绎推理、归纳推理等基本概念的内涵和外延几乎都引自逻辑学，因此，理解逻辑学的相关知识是理解推理心理学的基础。

在经典实验方面，在德国心理学家 Störring 于 1908 年发表第一个推理心理学实验报告之后的 110 多年的研究历史中，众多心理学家从不同的推理领域进行了大量与推理心理学相关的实验研究。总的来说，本书所说的推理心理学经典实验主要是指在推理心理学发展过程中具有开创性的、对后来同一领域的研究影响较大的实验研究报告。正如前面所说的主要包括演绎推理、归纳推理、类比推理和概率推理等四种类别的推理心理学实验范式的研究成果。无论研究者以什么类型的推理题作为实验材料进行研究，推理心理学实验研究的主要目的都在于探索"什么因素会影响推理者通过推理过程得出正确推理结论"这一主要问题。根据已有研究，可以把影响推理的各种因素归结为以下两种类别。第一种类别是推理形式的构成因素，如继 Störring 之后，Frase（1966，1968）、Johnson-Laird（1978）等很多心理学家都曾设计实验对"三段论的格对推理者的推理行为会有什么样的影响"进行了研究；而 Woodworth 和 Sells（1935）、Chapman L J 和 Chapman A P[①]（1959）以及很多其他心理学家则对"三段论的式对推理者的推理行为会有什么样的影响"进行了实验研究。第二种类别是推理内容的构成因素，这类研究始于 Wilkins（1928）的实验报告。

心理学家通过实验研究，揭示出许多有关人类在进行推理时的心理加工现象，比如，就纯形式推理题而言，不同的逻辑题就存在不同的解题难度问题，这就需要

---

① 以下简称"两位 Chapman"。

推理心理学研究者对诸如"为什么会得到这样的推理结果"等问题给出解释，由此形成不同的理论观点。作为学习者而言，我们也需要通过对这些理论进行解析，在理解各种理论内涵的基础上来掌握推理心理学的相关知识。

在推理的认知神经机制方面，近年来，一些心理学家通过事件相关电位（event-related potential，ERP）、功能性磁共振成像（functional magnetic resonance imaging，fMRI）等现代生物科学技术对人类推理现象进行研究后取得了大量的研究成果。例如，有研究者应用 fMRI 技术对人类推理进行了实验研究（Goel et al., 2000；Goel & Dolan, 2003）；Evans（2003）认为，Goel 等的研究成果为推理的双重加工理论及信念偏差范式（belief-bias paradigm）提供了神经心理学证据；Krawczyk 在 2018 年出版了这一领域的学术专著——《推理：关于我们如何思考的神经科学》。因此，推理的认知神经机制方面的研究成果也构成了现代推理心理学知识体系中的内容，但本书不涉及这一领域的相关内容。

在著名理论方面，在推理心理学研究领域，美国著名心理学家 Woodworth 和他的合作者 Sells 于 1935 年发表的《形式三段论推理中的气氛效应》（"An atmosphere effect in formal syllogistic reasoning"）一文提出的"气氛效应模型"（atmosphere effect model），被公认为是推理心理学研究领域中的第一个理论模型。

之后，在推理心理学的发展过程中曾产生过大量的理论学说，不同推理研究领域都有自己相应的理论，例如，演绎推理心理学研究领域的理论主要有 Woodworth 和 Sells（1935）的气氛效应理论（atmosphere effect theory）、两位 Chapman（1959）的换位理论（conversion theory）、Frase（1966，1968）的中项联合理论（mediated association theory）、Braine（1978）的心理逻辑理论（mental logic theory）（胡竹菁，胡笑羽，2000a）、Rips（1994）的证明心理学（psychology of proof）理论（胡竹菁，胡笑羽，2000b）、Johnson-Laird（1980，1983，2012）的心理模型理论（mental model theory）（胡竹菁，2009）、不同学者的双重加工理论（dual process theory）（Evans, 1982；Stanovich，1999）、Cosmide（1989）的社会契约理论（social contract theory）等。

归纳推理心理学研究领域的理论主要有 Bruner 等（1956）的假设检验理论（hypothesis testing theory）。

类比推理心理学研究领域的理论主要有 Gentner（1983）的结构映射理论（structure mapping theory）、Holyoak（1985）的实用类比迁移（the pragmatics of analogical transfer）等。

概率推理心理学研究领域的理论主要有 Kahneman 等的启发和偏差法（heuristics and biases approach）（Kahneman & Tversky，1979；Kahneman et al.，1982）、Gigerenzer 和 Hoffrage（1995）在生物进化观点基础上提出的自然频数假设（natural frequency hypothesis）（1995）、Oaksford 和 Chater（1994，2007，2010）的条件推理的条件概率（conditional probability of conditional inference）模型等。

需要注意的是，从哲学层面看，围绕"人类推理是否遵循逻辑规则"这一问题，可以把西方推理心理学的理论模型主要分为两大类：第一类是非逻辑加工理论。这类理论的基本观点是，人类进行推理这一心理加工任务时基本上不遵循逻辑规则，这一观点始于 Woodworth 和 Sells（1935）提出的气氛效应理论，在现代推理心理学中，持这一观点的代表性理论是 Johnson-Laird 提出的心理模型理论。第二类是逻辑加工理论。这类理论的基本观点是，人类进行推理这一心理加工任务时基本上会遵循逻辑规则，这一观点始于两位 Chapman（1959）提出的换位理论，在现代推理心理学中，持这一观点的代表性理论是由 Braine（1978）提出的心理逻辑理论。

与上述观点相似，有关概率推理的心理学理论模型围绕"人类进行概率推理时是否会遵循贝叶斯定理"这一问题也存在两种不同取向：Edward（1968）认为，即使是保守的推理也在一定程度上与贝叶斯定理计算得出的结论相吻合。从某种意义上说，Oaksford 等（2000）的条件推理的条件概率模型也属于逻辑加工理论。然而，Kahneman 等（1982）提出的认知启发式概率理论则认为，人们在完成概率推理的心理加工活动时明显不是保守贝叶斯主义者，甚至可以说根本就没有遵循贝叶斯定理。

总之，非逻辑加工理论认为，人们在进行推理时完全不理会形式逻辑的有关规则，只是在其他因素的影响下，在完成推理的心理加工过程后得出了推理结论；而逻辑加工理论则认为，人们在进行推理时是会考虑形式逻辑的有关规则的，只是在某些因素的影响下选择了不符合形式逻辑规则的结论。

二、本书的主要内容

前文曾指出，推理心理学知识体系的主要内容可划分为基本概念、经典实验、著名理论和推理的认知神经机制等四个方面。由于推理心理学知识体系的主要内容中有关基本概念的部分主要引自逻辑学，且至今为止有关人类推理生理机制方面的研究成果不多，本书的内容将主要定位在有关人类推理的经典实验和著名理论这两个方面，这也是本书取名为《推理心理学主要理论及实证比较》的主要原因。从下一章开始，本书将用七章的篇幅来介绍推理心理学研究领域的主要理论及实验证据，具体如下：第二章将在演绎推理和归纳推理两个研究领域中选择一些推理心理学的经典实验研究加以初步介绍；第三至六章将介绍西方学者在推理心理学研究领域提出的主要理论及实验证据；第七章将介绍由笔者提出和不断完善的"推理题与推理者的推理知识双重结构模型"；第八章将介绍推理题与推理者的推理知识双重结构模型与西方几种推理理论的实验比较研究。

在国外众多的推理心理学理论中，本书将选择五个在推理心理学研究领域影响较大的主要理论，并在第三至六章进行简要介绍和解析。选择著名理论的主要依据有两个：一是参考经典认知心理学教材（Eysenck & Keane，2015；Anderson，2015）；二是参考 2003—2012 年出版的在推理心理学领域影响较大的学术论文集和学术手册等工具书。

英国著名心理学家 Eysenck 和 Keane 所编著的《认知心理学》教材在同类教材中具有较高的权威性。该书在 2000 年第 4 版的第 16 章"推理与演绎"中就曾指出，任何充分的推理理论都必须能够解释从这些实验任务中产生的现象……虽然也有一些理论能解释部分实验现象，但是真正符合这一要求的理论可能只有两个，即抽象规则理论（abstract rule theory）和心理模型理论（Eysenck & Keane，2000）。该书在 2005 年第 5 版的同一章中进一步指出，我们已经看到人们在推理任务中会犯一些错误。研究者提出了许多理论来对这些错误进行解释，但我们将会重点关注三种理论。第一种是抽象规则理论。根据这种理论，人们的推理基本上是有逻辑的，但如果他们错误地理解了推理任务，则可能导致错误发生。第二种是心理模型理论。根据这种理论，人们对前提形成了一些心理模型或表征，并且会使用这些心理模型（而不是规则）得出结论。心理模型有时会导致被试做出无差错的表现，但通常是不会的。第三种是 Chater 和 Oaksford 提出的概率理论。这个理论基于这样一种观点：我们会使用那些专门发展以处理日常生活中的不确定性问题的认知过程去解决在实验室遇到的演绎推理问题（Eysenck & Keane，2005）。

在该教材发展到 2015 年的第 7 版时，其中第 14 章"推理和假设检验"的第 4 节"演绎推理的理论"中则有这样一段话，"本书将讨论两种影响较大的演绎推理理论：第一种是由 Johnson-Laird 提出的心理模型理论；第二种是目前影响力正在持续提升的双重加工理论,虽然存在着多种不同的双重加工理论,但所有这些理论都是以两种不同的加工系统为基础的"(Eysenck & Keane,2015)。

　　除了参考上述经典认知心理学教材外,本书在选择著名理论时还参考了2003—2012年出版的推理心理学领域影响较大的学术论文集和学术手册等工具书,主要有Hardman和Macchi(2003)合作主编的《思维:推理、判断和决策的心理学视角》(*Thinking: Psychological Perspectives on Reasoning, Judgment and Decision Making*)、Menktelow和Chung(2004)合作主编的《推理心理学:理论和历史视角》(*Psychology of Reasoning: Theoretical and Historical Perspectives*)、Adler和Rips(2008)合作主编的《推理:人类推断及其基础研究》(*Reasoning: Studies of Human Inference and its Foundations*)、Menktelow等(2011)合作主编的《推理科学:Jonathan St B.T. Evans文集》(*The Science of Reason: A Festschrift for Jonathan St B.T. Evans*)、Holyoak和Morrison(2005)合作主编的《剑桥手册:思维和推理》(*The Cambridge Handbook of Thinking and Reasoning*)、Holyoak和Morrison(2012)合作主编的《牛津手册:思维和推理》(*The Oxford Handbook of Thinking and Reasoning*)。

　　根据上述Eysenck和Keane(2015)所编著的《认知心理学》(第7版)教材的推荐,并参考其他教材和手册,我们确定以下四种推理心理学理论在不同的认知心理学教材和推理心理学专著或学术论文中有较高的曝光率:①心理逻辑理论;②Johnson-Laird提出的心理模型理论;③双重加工理论;④Oaksford等提出的条件推理的条件概率模型。本书将在第三至六章分别对这四种理论进行介绍。

　　需要注意的是,有许多心理学家根据他们自己的研究思路提出了名称相同但内容不同的双重加工理论,例如,Stanovich在1999年出版的《谁是理性者?推理中的个体差异研究》(*Who is Rational? Studies of Individual Differences in Reasoning*)一书中,就对不同学者提出的双重加工理论进行了概括,如表1-1所示。

表1-1　不同学者提出的双重加工理论

序号	研究者	系统1	系统2
1	Sloman(1996)	联想	以法则为基础
2	Evans(1984,1989)	启发式加工	分析式加工
3	Evans & Over(1996)	不言自明的思维加工	外显思维加工

序号	研究者	系统 1	系统 2
4	Reber（1993）	内隐认知	外显学习
5	Levinson（1995）	互动型智力	分析型智力
6	Epstein（1994）；Epstein & Pacini（1999）	经验系统	理性系统
7	Pollock（1991）	快速和反射模型	思考
8	Hammond（1996）	直觉认知	分析认知
9	Klein（1998）	系统 1（TASS）	系统 2（分析式）

注：TASS（the set of autonomous subsystems，独立子系统集合）

资料来源：Stanovich, K. E.（1999）. *Who is Rational? Studies of Individual Differences in Reasoning*. Mahwah: Lawrence Erlbaum Associates

虽然上述各种双重加工理论都是以两种不同的加工系统为基础的，但不同心理学家提出的双重加工理论在内容上还是存在着不同，因此，选择哪位心理学家提出的双重加工理论进行介绍和评述则需要进一步考量，本书选择的依据主要有如下四个方面。

1）由表 1-1 所列的各种双重加工理论的提出时间可知，Evans 的提出时间最早，事实上，早在 20 世纪 70 年代中期，Evans 就提出了最早版本的双重加工理论。

2）Eysenck 和 Keane（2015）所著最新版《认知心理学》（第 7 版）教材中推荐的双重加工理论就是以 Evans 的观点为主，引用次数达 11 次之多，远远超过对其他学者所提双重加工理论观点的介绍。

3）另外一位经典认知心理学教材的作者 Anderson 在其 2015 年出版的《认知心理学》教材第 8 版的第 10 章第 5 节中推荐介绍的也是由 Evans 提出的双重加工理论（Anderson，2015）。

4）De Neys（2018）在他主编的《双重加工理论 2.0》（*Dual Process Theory 2.0*）一书的第一章中指出，这一研究领域的主流学者大都认同 Evans 是标准双重加工理论模型的教父，他提出的理论在双重加工理论中具有支配性地位。

根据上述考量，并参考其他有关推理和思维心理学的权威手册（Holyoak & Morrison，2005，2012；Adle & Rips，2008）的推荐，本书将选择 Evans 提出的双重加工理论作为代表，在本书第五章中加以介绍和评述。

国内学者在推理心理学领域提出的理论模型较为少见，相对而言，笔者提出的"推理题与推理者的推理知识双重结构模型"在国内推理心理学界有较大的影响（胡竹菁，胡笑羽，2015），因此，本书最后两章将详细介绍这一理论模型的主要内涵、相关实验证据及其与西方几种主要理论进行实验比较的研究结果。

第二章

推理心理学的主要实验研究范式

第一节 演绎推理心理学的主要实验研究范式

一、范畴三段论推理的心理学研究

1. 范畴三段论推理的逻辑学含义

第一章曾提到：由范畴命题构成的三段论推理称为范畴三段论推理。

根据 Copi 等（2014）所著《逻辑学导论》，范畴三段论推理是指包含三个范畴命题，其中只含有三个概念，每个概念在三段论中各出现两次的推理。

《普通逻辑》教材则把范畴三段论推理定义为：以两个包含着共同项的性质命题为前提而推出一个新的性质命题为结论的推理（《普通逻辑》编写组，2011）。

根据《普通逻辑》，性质命题是反映对象具有或不具有某种性质的命题（《普通逻辑》编写组，2011）。一切性质命题都由下述四部分组成。

1）主项（subject），即表示命题对象的概念，如"所有的猫都是动物"这一性质命题中的"猫"这个词。逻辑学上通常用"S"表示。

2）谓项（predicate），即表示命题对象具有或不具有某种性质或与主项有关系的概念，如"所有的猫都是动物"这一性质命题中的"动物"这个词。逻辑学上通常用"P"表示。

3）联项（copula），即联结主项与谓项的概念，分为肯定联项与否定联项两种。前者在性质命题中通常用"是"表示，在关系命题中通常用"比……更（形容词）"

表示；后者在性质命题中通常用"不是"表示，在关系命题中通常用"不如……（形容词）"表示。一个命题是具有肯定联项还是具有否定联项，这被称为命题的质（quality）。

4）量项（quantifier），即表示命题中主项数量的概念。一般称为命题的量（quantity）。量项可分为三种：第一种是全称量项，它表示在一个命题中对主项的全部外延做了反应，通常用"所有"或"一切"来表示。第二种是特称量项，它表示在一个命题中对主项做了反应，但未对主项的全部外延做出反应，通常用"有的"或"有些"来表示。第三种是单称量项，它表示在一个命题中对主项外延的某一个别对象做了反应，可以用"这个"或"那个"来表示。一般来说，单称量项可归结到全称量项中去。

根据性质命题的联项和量项的不同结合，通常可以把性质命题划分为以下四种类型：①全称肯定命题（universal affirmative proposition），通常用"A"表示，其一般形式为"所有的 P 都是 Q"。②全称否定命题（universal negative proposition），通常用"E"表示，其一般形式为"所有的 P 都不是 Q"。③特称肯定命题（particular affirmative proposition），通常用"I"表示，其一般形式为"有些 P 是 Q"。④特称否定命题（particular negative proposition），通常用"O"表示，其一般形式为"有些 P 不是 Q"。

根据逻辑学的规定，范畴三段论中的三个性质命题可以是以上四种不同命题中的任何一种，因此有 $4 \times 4 \times 4 = 64$ 种不同的三段论形式。

范畴三段论结论中的主项为"小项"（S），谓项为"大项"（P），只在两个前提中出现的为中项（M），根据中项又可以有四种不同位置组合形成的格，如例 1-1 就属于第一格的三段论。两个前提中的中项在四种不同格中的位置如表 2-1 所示。

表 2-1　范畴三段论四种不同的格

命题名称	第一格	第二格	第三格	第四格
第一前提	M—P	P—M	M—P	P—M
第二前提	S—M	S—M	M—S	M—S
结论	S—P	S—P	S—P	S—P

因此，标准的范畴三段论就包括 $64 \times 4 = 256$ 种不同格式。

构成范畴三段论推理的三个命题又有纯符号命题和包含具体内容的命题之

分，例如，"所有的 A 都是 B"这一纯符号命题，可以有无数多个包含具体内容的命题，如"所有的猫都是动物""所有的钢都是金属"（参见前面在讨论推理题的命题名称真假问题时所列举的三个范畴三段论推理题）。

2. 心理学对范畴三段论推理的早期研究

以第一章对推理心理学给出的定义为基础，本书对范畴三段论推理给出的定义是：用心理学的研究方法，以逻辑学中的范畴三段论推理题作为实验材料，对人类完成这种推理时的有关心理加工规律所进行的科学研究。

Störring 的系列实验研究中主要使用逻辑学中的范畴三段论推理题作为实验材料，因此，他的开创性研究就属于范畴三段论推理实验范式。他的研究目的之一是探讨组成三段论推理题结构中不同的格这一因素对推理者的推理结果是否有不同的影响。继他之后，有 Frase（1966，1968）、Johnson-Laird 等（Johnson-Laird & Wason，1970；Johnson-Laird & Steedman，1978）许多心理学家对范畴三段论推理题构成要素中的"格"这一影响因素进行了深入研究，而 Woodworth 和 Sells（1935），以及两位 Chapman（1959）等许多心理学家则将范畴三段论推理题构成要素中的"式"这一影响因素引入心理学对这类推理的实验研究中。

无论是"格"因素还是"式"因素，都属于范畴三段论推理研究中有关不同的逻辑形式因素对推理者推理行为有什么影响的实验研究。

与上述心理学家的研究不同，1928 年，英国心理学家 Wilkins 在《心理学档案》（*Archives of Psychology*）这一学术期刊上发表了《内容变化对形式三段论推理能力的影响》（"The effect of changed material on the ability to do formal syllogistic reasoning"）的实验报告。她的研究将构成范畴三段论推理的内容因素引入三段论推理的实验研究过程中，试图探讨由不同内容构成的三段论推理题对推理者的推理结果是否有不同的影响。

推理题中所含的不同的逻辑形式和不同内容这两大因素会对推理者的推理过程有什么样的影响这一研究思路一直延续到现在，也延伸到其他推理心理学研究范式中。

若是以不同的命题内容作为心理学实验的自变量，就可以探讨推理者在对范畴三段论进行推理的过程中，是否会受到不同的内容因素的影响，由此揭示人类进行这种推理时的心理加工规律。

Wilkins（1928）试图通过实验研究来了解范畴三段论推理题的不同内容性质

这一自变量的变化对被试进行范畴三段论推理的影响。该自变量有四种不同的处理方式，分别体现在不同内容的范畴三段论推理题中。例如，在下面的几个例子中，例 2-1 是由熟悉内容构成的推理题，例 2-2 是由纯符号内容构成的推理题，例 2-3 是由不熟悉内容构成的推理题（指或者是由大家不熟悉的科学术语构成的推理题，或者是由听起来像科学术语但实际上是无意义的词所构成的推理题），例 2-4 是由与例 2-1 一样的熟悉内容，不过却是与信念有冲突的内容构成的推理题。

例 2-1

这条河上有些小船是帆船
Robert的小船在这条河上
a. Robert的小船是帆船
b. 有些Robert的小船是帆船
c. 有些Robert的小船不是帆船

例 2-2

有些X是Y
所有的Z都是X
a. 所有的Z都是Y
b. 有些Z是Y
c. 有些Z不是Y

例 2-3

所有的foraminafera都是rhyzopoda
所有的foraminafera都是protozoa
a. 有些protozoa是rhyzopoda
b. 有些rhyzopoda不是protozoa
c. 所有的protozoa都是rhyzopoda

例 2-4

所有的盎格鲁–撒克逊人都是英国人
所有的大不列颠人都是盎格鲁–撒克逊人
a. 所有的大不列颠人都是英国人
b. 所有的英国人都是大不列颠人
c. 有些大不列颠人不是英国人

研究结果表明，被试在那些由熟悉内容组成的范畴三段论推理题中选择正确答案的人数百分比明显大于其在由其他内容组成的范畴三段论推理题中选择正确答案的人数百分比：熟悉内容（85.0%）>与信念有冲突的内容（79.5%）>纯符号内容（78.0%）>不熟悉内容（75.4%）。根据实验结果，Wilkins 认为熟悉内容显然会对推理者的推理行为产生促进作用，但如果被试的信念与逻辑的结构有冲突，则会降低熟悉内容的影响力。

Wilkins 的实验研究报告发表后，确实有许多心理学家像她那样侧重于研究范畴三段论推理题的内容对被试选择正确结论的影响（Janis & Frick，1943；Lefford，1946；Evans et al.，1983；Oakhill & Johnson-Laird，1985；Markovits & Nantel，1989）。这些实验研究的特点在于，它们所控制的自变量主要是范畴三段论推理题的内容。由这些实验结果可知，范畴三段论推理题所涉及的内容不同，确实会影响被试的推理行为。

除了以不同的命题内容作为心理学实验的自变量来探讨推理者在范畴三段论推理过程中的相关规律外，也有许多心理学家以范畴三段论推理题的格或式作为自变量，来探讨这些因素对推理者选择正确结论的影响。

Woodworth 和 Sells 于 1935 年发表的文章最先注意到范畴三段论推理题的式这一自变量会影响推理者选择何种类型的推理结论，并根据对 Wilkins（1928）实验结果的重新分析和 Sells 于 1934 年所做的一个未发表的实验结果，提出了推理心理学的第一个理论模型，即气氛效应理论来解释诸如"为什么有些范畴三段论更容易而有些则更难"等心理学家关心的这类问题。

气氛效应理论中的气氛是指推理者在阅读两个前提的过程中在心中所产生的总体印象。范畴三段论推理题中，前提的气氛可以是肯定的，也可以是否定的；可以是全称的，也可以是特称的。根据这一理论，无论上述哪一种气氛，都会让人产生相应结论有效的感觉。换言之，推理者在进行范畴三段论推理过程中，前提中不同的式（即前提的性质和量词的不同结合）会在推理者心中形成一种心理气氛，其中，全称肯定命题会造成一种"……完全是……"的心理气氛；全称否定命题会造成一种"……完全不是……"的心理气氛；特称肯定命题会造成一种"有一些……是……"的心理气氛；特称否定命题会造成一种"有一些……不是……"的心理气氛。

前提中的肯定气氛使推理者容易接受肯定结论，前提中的否定气氛则使推理者容易接受否定结论。前提中的全称气氛使推理者容易接受全称结论，前提中的特称气氛则使推理者容易接受特称结论。

Woodworth 和 Sells（1935）认为，Wilkins（1928）的实验结果和 Sells 于 1934 年未发表的实验结果都支持这一理论的观点。

Woodworth 和 Sells（1935）对 Wilkins（1928）的实验结果进行了整理，被试从给定前提中接受各种类型虚假结论（即无效结论）的百分比如表 2-2 所示。

表 2-2　Wilkins（1928）的实验中被试接受各种
无效结论的百分比　　　　　　单位：%

前提组合	无效结论的类型			
	A	E	I	O
AA	36	0	33	11

续表

前提组合	无效结论的类型			
	A	E	I	O
AE	4	45	4	34
EE	3	21	0	13
AI*	6	0	62	39
II*	0	0	51	29
AO	0	0	33	47
EI	0	23	8	44
OO	0	0	18	32

注："*"为下文重点解读的组合

资料来源：Woodworth，R.S.，& Sells，S.B.（1935）.An atmosphere effect in formal syllogistic reasoning. *Journal of Experimental Psychology*，*18*，451-460

表 2-2 所要说明的问题是，在给定左边一列所示的一组前提下，就 A、E、I、O 四种类型的答案而言，当答案在逻辑上无效时，有多少学生会接受它们？表 2-2 中的数字代表的是 81 名大学生被试在实验中做出各种反应的百分比。由此可知，在 AA 前提组合下，被试错误选择 A 结论的比例最高（36%）；在 AE 和 EE 前提组合下，被试错误选择 E 结论的比例最高（分别为 45% 和 21%）；在 AI 和 II 的前提组合下，被试错误选择 I 结论的比例最高，分别为 62% 和 51%；而在 AO、EI 和 OO 等前提组合下，被试错误选择 O 结论的比例最高，分别为 47%、44% 和 32%。如果用形式逻辑的标准来判定表 2-2 中的数据，则大学生被试在做范畴三段论推理时也会犯很多推理错误。例如，对于表 2-2 中带"*"的选择，如果按形式逻辑的标准，在 AI 的前提组合下，I 结论是无效的，但在 Wilkins 的实验中却有高达 62% 的大学生认为 I 结论是可以接受的；同样，在 II 的前提组合下，I 结论也是无效的，但在 Wilkins 的实验中却有高达 51% 的大学生认为 I 结论是可以接受的。

在 Sells 未发表的实验中，被试是 90 名来自两所大学的受过教育的成人。实验采用纸笔测试法，实验材料是以字母为概念的 300 道范畴三段论推理题，例子如下。

例 2-5

如果所有的X都不是Y

并且所有的Z都是Y

那么，所有的Z都不是X

实验要求被试根据两个前提评估范畴三段论推理题中结论的真与假，气氛对被试接受无效结论的影响如表 2-3 所示。

表 2-3　气氛对被试接受无效结论的影响　　　　　　单位：%

前提组合	无效结论的类型			
	A	E	I	O
AA	51	0	66	27
AE	8	51	19	54
EA	0	56	0	59
EE	0	41	0	37
AI*	18	0	66	0
IA*	21	0	70	0
II*	0	0	68	0
AO	0	18	41	71
OA	0	21	43	74
EI	0	31	0	58
IE	0	32	0	59
IO	0	0	0	60
OI	0	0	0	63
EO	0	0	0	53
OE	0	0	0	49
OO	0	0	0	54

注："*"为下文重点解读的组合

资料来源：Woodworth，R. S.，& Sells，S. B.（1935）. An atmosphere effect in formal syllogistic reasoning. *Journal of Experimental Psychology*，18，451-460

表 2-3 所要说明的问题与表 2-2 是一样的，即当给定左边一列所示的一组前提和右边所列的四种答案类型，且答案在逻辑上是无效时，有多少被试会认为它们是有效的？被试的反应结果与表 2-2 的结果相似。与 Wilkins 的实验不同的是，Sells 的实验中对涉及否定的前提组合还提供了在两种不同次序中所呈现的 6 对前提的比较。我们从表 2-3 中可看到，对于 AE 前提组合，有 51% 的被试接受 E 结论；而对于相反次序的 EA 前提组合，则有相似的结果，即有 56% 的被试接受 E 结论。其他前提次序的比较结果与此类似。

与前面的分析一样，如果用形式逻辑的标准来判定表 2-3 中的数据，则 Sells 实验中的被试在做范畴三段论推理题时也会犯很多推理错误。例如，对于表 2-3 中带 "*" 的选择，如果按形式逻辑的标准，在 AI 的前提组合下，I 结论是无效的，但在 Sells 的实验中却有高达 66% 的大学生认为 I 结论是可以接受的。同样，按形式逻辑的标准，在 IA 的前提组合下，I 结论也是无效的，但在 Sells 的实验中却有高达 70% 的大学生认为 I 结论是可以接受的；此外，在 II 的前提组合下，I 结论也是无效的，却也有高达 68% 的大学生认为 I 结论是可以接受的。

两位 Chapman（1959）注意到，在前述 Sells 的实验结果中，除了 EE 这一前提组合外，被试接受特称结论的比例总是要比接受全称结论的比例更高，他们认为这可能是由于 Sells 的实验设计决定了有更多的人选择特称命题的结论，因为假如答案是全称命题（如"所有的 X 都是 Y"）的话，这在逻辑上也就意味着相对应的特称命题（如"有些 X 是 Y"）的结论也是对的。也就是说，在这种结论是否能从两个前提中推论出来的真假测验中，被试接受特称结论的比例永远会比接受全称结论的比例更高。所以，两位 Chapman 认为，Sells 等的发现有可能是由他们所采用的测验形式人为造成的，而不是由阅读前提时所形成的心理气氛造成的。

为此，他们对实验方法进行了改进，采用五择一的形式进行实验，实验材料包含 52 道范畴三段论推理题。其中 42 道实验题全都是由无效的前提组合所构成的范畴三段论推理题，另外 10 道题是作为过滤题而用的正确的推理题。在这 52 道推理题中，每个推理题的结论部分的结构是一样的，即都是采用五择一的形式。前四个选项分别为 A、E、I、O 四种命题，第五个选项是"上述四种答案都不对"（在此用字母 N 来表示）。试题的形式如例 2-6 所示。

例 2-6
有些 L 是 K
有些 K 是 M
————————————
所以，（1）所有的 M 都不是 L
（2）有些 M 是 L
（3）有些 M 不是 L
（4）所有的 M 是 L
（5）上述四种答案都不对

全部 42 道实验题在形式逻辑意义上的正确答案都是"上述四种答案都不对"。虽然实验也发现有很多人选择了不正确的答案，但两位 Chapman 不同意用气氛效应理论而是主张用换位理论来解释这种现象，认为人们在进行范畴三段论推理时，即使得出错误的结论，也是遵循逻辑规则进行推理的。被试在推理过程中之所以会犯错误，不是由气氛效应造成的，而是由于错误地认为"一个命题中的主谓项变换位置之后该命题也会是正确的"，即错误地对前提进行了解释。两位 Chapman（1959）这一研究的意义在于，他们在方法论上发展了五择一的实验方法。此外，他们还提出了一个与气氛效应理论相对立的换位理论，由此也就开始了心理学中对于人们的范畴三段论推理是属于理性还是非理性的学术争论。

上述研究在实验中控制的自变量都是范畴三段论的式，20 世纪 60 年代起，有心理学家开始采用如表 2-1 所示的范畴三段论的格作为实验的自变量来研究其对人进行范畴三段论推理时的影响，代表人物主要有 Frase（1966，1968）、Johnson-Laird 等（Johnson-Laird & Wason，1970；Johnson-Laird & Steedman，1978）。

Frase（1966，1968）是较早设计实验来研究范畴三段论的格因素（即前提中的中项位置的变化）对范畴三段论推理结果有何影响的心理学家之一。他用不同格的范畴三段论推理题作为实验材料进行实验后发现，推理时，从第一格到第四格，人们在进行范畴三段论时的推理错误将逐渐增加。Frase 认为可以用他提出的中项联合理论来解释这些实验结果。

Johnson-Laird 和 Steedman（1978）也对范畴三段论的格因素在推理过程中的作用进行了系统研究。他们在进行实验设计时发现，在如表 2-1 所示的传统的范畴三段论推理题的四种不同的格中，三个命题的次序永远都是含结论中的谓项和中项的第一前提（也称大前提）—含结论中的主项和中项的第二前提（也称小前提）—结论命题。

Johnson-Laird 和 Steedman 指出，从推理难度方面分析，传统范畴三段论的格存在两种不同的变化情况。第一种情况是：在结论命题中的两个概念次序不变的情况下，更改范畴三段论两个前提的顺序，结果是范畴三段论的格改变了，但该推理结论的逻辑效度没有改变。例如，例 2-7 所示的是传统范畴三段论的第一格 AAA 式，更改两个前提后就成为例 2-8 所示的第四格 AAA 式。

例 2-7

所有的M都是P

所有的S都是M

所以，所有的S都是P

例 2-8

所有的S都是M

所有的M都是P

所以，所有的S都是P

第二种情况是：在范畴三段论两个前提的顺序不变的情况下，更改结论命题中两个概念的位置而使范畴三段论的格改变，例如，在例 2-9 和例 2-10 所示的范畴三段论中，如果结论命题是"Some C are A"，则是传统范畴三段论的第一格的推理题；但结论命题也可以是"Some A are C"，Johnson-Laird 把这种变化后的格称为非传统范畴三段论的格。结论命题改变主谓项的位置后，其推理结论的逻辑效度有时改变，有时不变。

例 2-9

All B are A

Some C are B _____

结论命题① Some C are A

结论命题② Some A are C

例 2-10

Some A are B

All B are C _____

结论命题① Some C are A

结论命题② Some A are C

Johnson-Laird 和 Steedman（1978）通过让 20 位推理者对如例 2-11 所示的每组前提进行推断后写出结论的方式进行实验。实验结果表明，推理者在对例 2-9 进行推理时，有 16 位推理者选择的是"Some C are A"这样的符合传统范畴三段论规定格式的结论；但推理者在对例 2-10 进行推理时，有 15 位推理者选择的是"Some A are C"这样的不符合传统范畴三段论规定格式的结论。

例 2-11

所有的音乐家都不是发明家

所有的发明家都是教授 _____

所以，？

Johnson-Laird 和 Steedman 的这一实验对于范畴三段论推理的心理学研究具有两方面的意义：第一，发现了结论命题中的主项和谓项两个概念互换位置后对范畴三段论构成格式的影响，从心理学实验的角度看，范畴三段论就有 $256 \times 2 = 512$ 种不同格式的推理题。第二，发展了被试作业的操作方法，即仅呈现两个前提，要求被试根据这些前提推导出结论。

总之，早期西方心理学家对范畴三段论推理的实验研究方法主要采用纸笔测验法进行，控制的自变量主要是被试的性质和范畴三段论推理试题的性质。具体来说，实验者根据一定的目的编好一定数量的推理题，选取一定数量的被试并让他们解题，然后对被试的解题结果进行统计分析，据此提出某种理论来解释推理者进行推理时的心理活动规律。早期的推理理论主要有气氛效应理论和换位理论。

在实验过程中,范畴三段论中作为前提的两个命题被呈现后,作为结果的命题的呈现方式主要有以下三种。

第一种方式是呈现整个范畴三段论推理,问被试该范畴三段论的结论是否必然可以从前提中推导出,如下例所示。

例 2-12

所有的M都是P

所有的S都是M

所以,所有的S都是P

第二种方式是呈现两个前提和一系列结论,由被试从中选取一个他认为正确的结论。这些结论一般包括 A、E、I、O 四种判断和"上述四种答案都不对"。

例 2-13

所有的M都是P

所有的S都是M

所以,(1)所有的S都是P

(2)所有的S都不是P

(3)有些S是P

(4)有些S不是P

(5)上述四种答案都不对

第三种方式是把两个前提呈现给被试,要求被试根据两个前提提供的信息自己写出可能推论出的结论。

例 2-14

所有的M都是P

所有的S都是M

所以,?

从对实验中自变量的控制来看,西方心理学家对范畴三段论推理进行实验研究的目的主要是,寻求影响人们在进行范畴三段论推理时选择正确结论的有关因素,通过这些实验得出的结论主要是:构成范畴三段论试题的内容和形式两大方面有多种因素会影响被试选择正确结论。

二、线性三段论推理和空间推理的心理学研究

1. 线性三段论推理的逻辑学含义

以第一章对推理心理学给出的定义为基础,本书对线性三段论推理(或空间推理)的定义是:用心理学的研究方法,以逻辑学中的线性三段论推理(或空间推理)题作为实验材料,对人类完成这种推理时的有关心理加工规律所进行的科学研究。

本章前面曾提到 Copi 等(2014)对三段论的定义:三段论推理是指任何从两个前提中推出一个结论的推理。若组成三段论的前提和结论的性质是关系命题,则被称为关系三段论推理。关系三段论推理本身包含多种类型,心理学实验研究中涉及的线性三段论推理和空间推理都属于这种推理。

心理学中的线性三段论推理主要是指用逻辑学中的传递性关系(transfer relation)推理作为实验材料所进行的推理。在逻辑学中,所谓传递性关系,是指如果对象甲与对象乙有某种关系,而且对象乙与对象丙也有这种关系,那么对象甲与对象丙就必有这种关系,诸如大于、高于、比谁年长等关系都属于传递性关系,含有这种关系命题的三段论推理就是线性三段论推理,如下例所示。

例 2-15

A>B

B>C

所以,A>C

例 2-16

张三比李四高

李四比王五高

所以,张三比王五高

2. 心理学对线性三段论推理的早期研究

在逻辑学中,关系命题是反映事物与事物之间关系的命题,关系推理是指前提中至少有一个是关系命题的推理(《普通逻辑》编写组,2011)。心理学对这类推理的早期研究主要使用具有传递性关系的命题作为实验材料,但不同心理学家在发表其研究结果时会使用不同的称谓,如 Hunter(1957)和 Huttenlocher(1968)将其称为三术语系列问题(three-term series problems),Sternberg(1980)称之为线性三段论推理(linear syllogistic reasoning),Evans(1982)则称之为传递推理(transitive reasoning)(胡竹菁,1997)。

虽然逻辑学教材一般不讨论线性三段论推理所含不同格的问题,但是在理论上,与范畴三段论一样,线性三段论推理也会由于中项位置的不同而存在四种不同

的格，如表 2-4 所示。

表 2-4　线性三段论推理的四种格

命题名称	第一格	第二格	第三格	第四格
第一前提	M>P	P>M	M>P	P>M
第二前提	S>M	S>M	M>S	M>S
结论	S>P	S>P	S>P	S>P

受认知心理学研究范式的影响，心理学早期对线性三段论推理的实验设计方法从一开始就不同于对范畴三段论推理的研究，这主要表现在两个方面：①心理学对范畴三段论推理进行实验研究时，对实验结果的分析主要偏重于被试解答试题的正误率，而在线性三段论推理的实验研究中，对实验结果的分析虽然也考虑正误率，但更偏重于对被试答题过程中反应时的分析。②在范畴三段论推理的研究中，实验目的在于探求是什么因素导致被试产生这样的推理结果，而在线性三段论推理的研究中，实验目的则主要是想通过对结果的分析推断被试在推理过程中的内部表征和加工阶段等。

一般来说，可以把 Hunter 于 1957 年在《英国心理学杂志》(*British Journal of Psychology*) 上发表的《三术语系列问题的解决》("The solving of three-term series problems") 一文视为研究者最早对线性三段论推理进行的系统研究。

Hunter 的研究以两个前提中的关系性质作为实验的自变量，研究中所用的实验材料是具有如表 2-5 所示的 16 种不同结构的线性三段论推理题，但在呈现时使用以下两种具体内容来取代：①乔治比哈里更高，哈里比威利更高。这三位男孩中哪一位最高？②莉莉比奥莉夫更伤心，莉莉比伊迪丝更幸福。这三位女孩中哪一位最伤心？

表 2-5　两类不同的线性三段论推理题问题集

分类	第一集	第二集
Ⅰ1	S>M；M>P；>?	P<M；M<S；<?
Ⅰ2	S>M；M>P；<?	P<M；M<S；>?
Ⅱ1	S>M；P<M；>?	P<M；S>M；<?
Ⅱ2	S>M；P<M；<?	P<M；S>M；>?
Ⅲ1	M<S；P<M；>?	M>P；S>M；<?
Ⅲ2	M<S；P<M；<?	M>P；S>M；>?

续表

分类	第一集	第二集
Ⅳ1	M<S；M>P；>?	M>P；M<S；<?
Ⅳ2	M<S；M>P；<?	M>P；M<S；>?

被试是两组平均年龄不同的儿童：其中一组 64 名儿童的平均年龄是 11 岁零 2 个月，男女各半；另一组 32 名儿童（14 名男孩，18 名女孩）的平均年龄为 16 岁零 1 个月。以推理者完成每个推理题的反应时作为因变量。

实验结果表明，虽然 16 岁零 1 个月组儿童在平均解题速度上要比 11 岁零 2 个月组儿童更快，但是，总的来说，两组儿童的推理结果都支持了实验的基本假设，即在推理者的推理加工中，每导入一步额外的操作，都会增加被试导出正确结论的反应时。

Hunter 根据其实验结果提出了一个操作模型（performance model）。该模型认为，两个前提中的信息形成一个统一的内部表征，当对问题的表征是以自然次序呈现时，如表 2-5 中的 "S>M；M>P；>?" 和 "P<M；M<S；<?"，推理者将很容易解决这类问题；但如果两个前提中的信息不是以自然次序呈现的，推理者在解决问题的过程中就需要进行某种心理操作，将它们转换成上述自然次序信息状态来解决问题。这些心理操作主要有以下两种形式。

1）换位（converting）操作。例如，对于第 Ⅱ 种，即 "S>M；P<M"（或 "P<M；S>M"）问题，只需简单地将第二个前提中两个项的位置进行换位及变换相应的关系符号后就成为 "S>M；M>P"（或 "P<M；M<S"），也就使这两个前提达成了同向。这种心理操作被称为换位操作。

2）重新排序（reordering）操作。对于第 Ⅲ 类问题，即 "M<S；P<M"，推理者必须把两个前提重新排序，即把第二个前提置于第一个前提之前，形成 "P<M；M<S"，由此才能使这两个前提达成同向。这种心理操作被称为重新排序操作。

在线性三段论推理研究中，Hunter 的操作模型提出较早，也显得较为简单：一方面，它的基本思想为后来的一些模型所吸收；但另一方面，它对当前这一领域的理论研究似乎不再有什么影响。

早期线性三段论推理研究在理论方面的发展除了 Hunter 的操作模型之外，主要还有以下几个：①De Soto 等于 1965 年根据其实验结果提出的空间模型（spatial model）。三年后，Huttenlocher 于 1968 年提出了更为完善的空间表象模型。②Clark

和 Stafford 于 1969 年提出的语言学模型（linguistic model）。③Sternberg 于 1980 年提出的语言-空间混合模型（linguistic-spatial mixed model）。

从实验设计方面看，不同的心理学家虽然在设计实验材料时控制的自变量有所不同，但其实验研究的基本范式大致是相同的，即根据一定目的设计好一定数量的线性三段论推理题，接着让被试答题并记录其反应时和正误率，最后对结果（主要是反应时）进行统计分析，并根据分析结果提出某种理论模型。

20 世纪 80 年代之后，在有关关系推理的心理学实验中，用空间关系推理作为实验材料所进行的研究（即空间推理研究）逐渐增多，其推理题的结构也不只限于两个前提，通常是由四个前提和一个结论构成的。

下面我们通过 Byrne 和 Johnson-Laird 于 1989 年合作发表的《空间推理》（"Spatial reasoning"）一文的实验研究结果，来了解心理学家是怎样进行空间推理实验研究的。

该文在摘要中指出，设计和实施这两个实验的目的在于通过探讨推理者如何对客体的空间关系进行推断，来进一步了解人们是如何以心理模型为基础来完成空间推理任务的。

心理模型理论预测，只需要建构一个空间心理模型的推理任务，会比需要建构多于一个空间心理模型的推理任务更为容易。

该文所报告的实验 1 采用的是 $2 \times 2 \times 2$ 的不完全重复测量的实验设计：自变量 1 是空间维度，即空间推理题中所包含的维度（一个维度或者多个维度），如后面所述实验中的第 1 道和第 2 道推理题属于一个空间维度的推理题（只含"左右"一个空间维度），而第 3 道至第 5 道推理题则属于两个空间维度的推理题（含"左右"和"前后"两个空间维度）；自变量 2 是模型数量，即心理模型的数量（一个心理模型或者多个心理模型），如后面所述实验中的第 1 道和第 3 道推理题属于一个心理模型的推理题，其他 3 道推理题则属于多个心理模型的推理题；自变量 3 是有效性，即推理题的性质是否属于有效推理（有效推理或者无效推理），如后面所述实验中的第 1 道、第 3 道和第 4 道推理题属于有效的推理题，其他 2 道推理题则属于无效的推理题。

三个因素组合在一起，则有 $2 \times 2 \times 2 = 8$ 种不同的实验处理（图 2-1）。

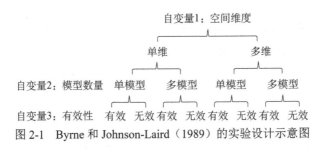

图 2-1　Byrne 和 Johnson-Laird（1989）的实验设计示意图

心理模型理论认为，所有无效的空间推理题都属于多个心理模型的推理题，加之其他的条件限制，因此该实验只包括单维单模型有效、单维多模型无效、多维单模型有效、多维多模型有效和多维多模型无效等五种类型的空间推理题。

（1）单维单模型有效的空间推理题

单维单模型有效的空间推理题如下例所示。

例 2-17

A在B的右边

C在B的左边

求解：A和C的相互空间位置关系

根据这两个前提，可以得出"A 在 C 的右边"或者"C 在 A 的左边"这两个能反映 A 和 C 相互空间位置关系的有效结论，并且可以建构如图 2-2 所示的一个心理模型。

C　　　B　　　A

图 2-2　空间推理题例 2-17 所含的心理模型示意图

（2）单维多模型无效的空间推理题

单维多模型无效的空间推理题如下例所示。

例 2-18

B在A的右边

C在B的左边

求解：A和C的相互空间位置关系

根据这两个前提，可以建构如图 2-3 所示的两个心理模型。

C　　　A　　　B　　　　　　A　　　C　　　B

模型一　　　　　　　　　模型二

图 2-3　空间推理题例 2-18 所含的心理模型示意图

由于这两个模型所反映的 A 与 C 的空间关系是相互矛盾的，我们不能得出反映 A 与 C 空间关系的有效结论，该题属于单维多模型无效的空间推理题。

（3）多维单模型有效的推理题

多维单模型有效的推理题如下例所示。

例 2-19

A在B的右边

C在B的左边

D在C的前面

E在B的前面

求解：D和E的相互空间位置关系

根据这四个前提，可以得出"D 在 E 的左边"或"E 在 D 的右边"这两个能反映 D 和 E 相互空间位置关系的有效结论，并且可以建构如图 2-4 所示的一个心理模型。

C   B   A

D   E

图 2-4　空间推理题例 2-19 所含的心理模型示意图

（4）多维多模型有效的空间推理题

多维多模型有效的推理题如下例所示。

例 2-20

B在A的右边

C在B的左边

D在C的前面

E在B的前面

求解：D和E的相互空间位置关系

根据这四个前提，可以建构如图 2-5 所示的两个心理模型，并且可以得出"D 在 E 的左边"或"E 在 D 的右边"这两个能反映 D 和 E 相互空间位置关系的有效结论。

C   A   B   A   C   B

D   E   D   E

模型一　　　　　　　　　　模型二

图 2-5　空间推理题例 2-20 所含的心理模型示意图

（5）多维多模型无效的空间推理题

多维多模型无效的空间推理题如下例所示。

例 2-21
B在A的右边
C在B的左边
D在C的前面
E在A的前面
_____
求解：D和E的相互空间位置关系

根据这四个前提，可以建构如图 2-6 所示的两个心理模型。

| | C | A | B | | | A | C | B |
| | D | E | | | | E | D | |

模型一 　　　　　　　　　　　模型二

图 2-6　空间推理题例 2-21 所含的心理模型示意图

由于这两个模型所反映的 D 与 E 的空间关系是相互矛盾的，我们不能得出反映 D 与 E 空间关系的有效结论，该题属于多维多模型无效的空间推理题。

研究者对实验结果持有以下三个预测：①多维度空间推理题比单维度空间推理题更难推出正确结论；②多模型空间推理题比单模型空间推理题更难推出正确结论；③不能推出有效结论的空间推理题比能推出有效结论的空间推理题更难推出正确结论。

研究者招募了 15 名年龄为 19—53 岁的成年人（其中 11 名女性，4 名男性）参与了本次实验研究，实验结果如表 2-6 所示。

表 2-6　被试在不同条件下的推理结果的正确率　　　　单位：%

描述	单模型有效	多模型有效	多模型无效
两个前提	69	—	19
四个前提	61	50	18

资料来源：Byrne, R. M. J., & Johnson-Laird, P. N.（1989）. Spatial reasoning. _Journal of Memory and Language_, _28_（5），564-575

通过表 2-6 中的实验数据可知：①由两个前提构成的单维推理题的正确率是 44%[①]，

_____
① 计算方法为：（69%+19%）/2×100%=44%。

由四个前提构成的两维推理题的正确率是 39.5%[①]，两者差异检验的结果为 Wilcoxon's T=45.5，p>0.05，检验结果未达到显著水平。②推理者在由四个前提构成的单模型有效推理题的正确率是 61%，在由四个前提构成的多模型有效推理题的正确率是 50%，两者差异检验的结果为 Wilcoxon's T=30.5，p<0.05，检验结果达到显著水平，这一实验结果支持研究者的第二个预测。③推理者在能推出有效结果的推理题中的平均正确率为 59%，在不能推出有效结果的推理题中的平均正确率为 18.5%，两者差异的结果为 Wilcoxon's T=1，p<0.01，检验结果达到显著水平，这一实验结果支持了研究者的第三个预测。

总之，以空间推理题作为实验材料的实验结果支持心理模型理论的"推理题所包含的心理模型越多，越难得出正确结论"的预测。

三、条件推理的心理学研究

1. 条件推理的逻辑学含义

在逻辑学中，假言命题是指反映某一事物情况是另一事物情况存在条件的命题，或者说假言命题是有条件地陈述某种事物情况存在的命题。

假言命题由两个肢命题构成。其中，表示条件的肢命题称作假言命题的前件；表示依赖条件的肢命题称作假言命题的后件。

逻辑学根据其所表达的条件性质的不同，把假言命题分为三种类型：①充分条件假言命题；②必要条件假言命题；③充分必要条件假言命题。

假言推理是指前提中有一个为假言命题，并且根据假言命题前后件之间的关系而推理结论的推理。根据所包含假言命题的不同，假言推理也可以分为以下三种类型：①充分条件假言推理；②必要条件假言推理；③充分必要条件假言推理。心理学研究中的条件推理通常是指逻辑学中所说的充分条件假言推理。

在逻辑学中，充分条件假言命题是指反映某事物情况是另一事物情况充分条件的假言命题，其一般形式为"如果 P，那么 Q"。充分条件假言推理是指一个前

---

① 计算方法为：（61%+18%）/2×100%=39.5%。因为由两个前提构成的单维推理题中不包括多模型有效推理题的数据，所以计算由四个前提构成的两维推理题的正确率时同样不包括多模型有效推理题的数据。

提为充分条件假言命题，另一个前提和结论为性质命题的假言推理。

逻辑学指出，充分条件假言推理具有如表 2-7 所示的四种推理形式，其中只有肯定前件式（modus ponens，MP）和否定后件式（modus tollens，MT）可以推出有效结论，而否定前件式（denying the antecedent，DA）和肯定后件式（affirming the consequent，AC）是不能推出有效结论的（《普通逻辑》编写组，2011）。

表 2-7　包含充分条件假言命题"如果 P，那么 Q"的四种条件推理形式

MP	DA	AC	MT
如果 P，那么 Q	如果 P，那么 Q	如果 P，那么 Q	如果 P，那么 Q
P	非 P	Q	非 Q
所以，Q	所以，非 Q	所以，P	所以，非 P

2. 心理学研究条件推理的三种实验范式

以第一章对推理心理学给出的定义为基础，本书对条件推理的定义是：用心理学的研究方法，以逻辑学中包含假言命题的推理题作为实验材料，对人类完成这种推理时的有关心理加工规律所进行的科学研究。

心理学对条件推理的研究主要包括三种实验范式：①演绎推理实验范式；②Wason 四卡问题实验范式；③概率推理实验范式。

（1）演绎推理实验范式

心理学对条件推理实施的演绎推理实验范式，是指由属于逻辑学中的"如果 P，那么 Q"这一条件命题建构的如表 2-7 所示的四种演绎推理形式作为实验材料所进行的心理学实验研究。

早期推理心理学家对这种推理的心理加工过程进行实验研究时，所采用的实验范式主要是以表 2-7 中的四种不同推理形式的推理题作为实验材料，要求没有受过形式逻辑专门训练的成人（主要是大学生）对每一种推理题判定推理结论是否可以从两个前提中推论出来，然后对他们的推论结果进行统计分析，据此探求人们在完成条件推理过程中的有关心理加工规律。早期主要的研究结果如表 2-8 所示。

表 2-8　三种不同研究中成人被试认可条件推理的百分比　　　　单位：%

研究者	时间	MP	DA	AC	MT
Taplin	1971 年	92	52	57	63
Taplin & Staudenmayer	1973 年	99	82	84	87
Evans	1977 年	100	69	75	75

资料来源：Evans，J.（1982）. *The Psychology of Deductive Reasoning*. London：Routledge and Kegan Paul

由表 2-8 可知，这些实验结果表现出大体一致的作答模式：MP 是最常被认可的模式，MT 居第二位，而 DA 和 AC 则差不多。

（2）Wason 四卡问题实验范式

心理学对条件推理实施的 Wason 四卡问题实验范式，是指通过分别表示如表 2-7 所示 "如果 P，那么 Q" 建构的四种推理形式中第二前提的四张卡片作为实验材料所进行的心理学实验研究。

Wason 四卡问题实验范式是由 Wason 于 1966 年开创性设计的实验范式，目的在于探求被试对给定条件命题的真伪进行验证时的心理活动规律。这种范式的实验过程通常是让被试对给定的与表 2-7 中四种推理形式的结论相对应的四张卡片进行选择来进行的，因此，后来有关这一领域的研究通常被称为 "Wason 四卡问题"（或 Wason 四卡选择任务）研究。在 Wason 四卡问题实验范式中，主试给被试看如图 2-7 所示的四张卡片。

图 2-7　Wason 四卡问题实验材料示例图（A 面）

然后，主试要求被试思考为了证实 "如果卡片的一面是元音字母，那么它的另一面就是偶数" 这一条件命题（在 Wason 四卡问题实验范式中，通常把 "如果 P，那么 Q" 这种条件命题称为法则，这两个概念是相通的）的真伪，必须翻看哪些卡片。图 2-7 的四张卡片中，与前件事件 P（即元音字母）相对应的是标记为 "E" 的卡片，相应地，与前件事件的否定-P 相对应的是标记为 "F" 的卡片，与后件事件 Q（即偶数数字）相对应的是标记为 "4" 的卡片，与后件事件的否定-Q 相对应的是标记为 "7" 的卡片。由此可知，从某种意义上说，Wason 四卡问题实验范式是对演绎推理实验范式的变通研究。这种研究范式最为典型的研究结果之一如表 2-9 所示。

表 2-9　被试在 Wason 四卡问题上所做的选择及其百分比　单位：%

卡片	P，Q	P	P，Q，-P	P，-Q	其他
百分比	46	33	7	4	10

资料来源：Johnson-Laird，P. N.，& Wason，P. C.（1970）. Insight into a logical relation. *Quarterly Journal of Experimental Psychology*，*22*，49-61

根据如表 2-9 所示的实验结果，研究者认为被试表现出了强烈的证真倾向。

Griggs 和 Newstead（1982）认为，如果在实验中把要求推理者证实的条件命题改为推理者所熟悉的内容，例如，"若有人喝啤酒，则该人的年龄必超过 19 岁"，与此相应的四张卡片如图 2-8 所示，则被试正确选择的比例就会明显提高。

图 2-8　Wason 四卡问题实验材料示例图（B 面）

Griggs 和 Newstead（1982）的实验结果表明，若采用这种与被试生活经验相关的材料，则有高达 74.1%的被试做出了正确的选择。

（3）概率推理实验范式

按照逻辑学的传统观点，凡是从个别知识的前提推出一般知识的结论的推理，我们可称之为归纳推理。归纳推理中的概率归纳推理实验研究范式，是指以表 2-7 所示的"如果 P，那么 Q"建构的四种推理形式为实验材料，通过分析推理者根据实验得到的概率推理结论与推理题中条件命题的条件概率、前件概率和后件概率的相互关系，来寻找人类对条件推理求概率解时的有关心理加工规律的实验研究范式。

条件概率推理自 1994 年以来一直是西方推理心理学的研究热点之一，有许多心理学家对此进行了研究，并在实验研究的基础上试图根据实验结果对"推理者为什么会在不同推理形式的推理过程中犯错误"等问题提出自己的理论解释，其中，Oaksford 等提出的条件推理的条件概率模型是影响较大的理论模型之一（Oaksford & Chater，1994，2007，2010；Oaksford et al.，2000）。本书第六章将对这一理论的基本内涵和相应的经典实验进行详述。

四、选言推理的心理学研究

1. 选言推理的逻辑学含义

在逻辑学中，选言命题是反映若干可能的事物情况至少有一个存在的命题，构成选言命题的肢命题可被称为选言肢。

根据选言命题中肢命题间的相容关系，可把选言命题分为相容的选言命题和不相容的选言命题两种类型。

相容的选言命题就是选言肢可以同真的选言命题，其逻辑表达形式为"P 或者 Q"（有时用"或者 P，或者 Q"），逻辑学规定其前后两个肢命题可以同真，但不可以同假。相容的选言命题的逻辑值与选言肢的逻辑值之间的相互关系，可用如表 2-10 所示的真值表来表示。

表 2-10　相容的选言命题的逻辑值与选言肢的逻辑值之间的相互关系真值表

P	Q	$P \wedge Q$
真	真	真
真	假	真
假	真	真
假	假	假

不相容的选言命题就是选言肢不能同真的选言命题，其逻辑表达形式为"要么 P，要么 Q"，逻辑学规定其前后两个肢命题既不可以同真，也不可以同假。不相容的选言命题的逻辑值与选言肢的逻辑值之间的相互关系，可用如表 2-11 所示的真值表来表示。

表 2-11　不相容的选言命题的逻辑值与选言肢的逻辑值之间的相互关系真值表

P	Q	$P \wedge Q$
真	真	假
真	假	真
假	真	真
假	假	假

选言推理是前提中有一个是选言命题，并且根据选言命题选言肢之间的关系而推出结论的推理。选言推理是根据选言肢间的关系进行推演的，所以，选言推理也可分为相容的选言推理和不相容的选言推理两种类型。

相容的选言推理是前提中有一个相容的选言命题的选言推理，其推理形式如例 2-22 所示。

例 2-22

或者P，或者Q

非P

所以，Q

根据相容的选言命题的逻辑性质，相容的选言推理的两条规则是：①否定一部分选言肢，就要肯定另一部分选言肢；②肯定一部分选言肢，不能否定另一部分选言肢。

不相容的选言推理是前提中有一个不相容的选言命题的选言推理，包含肯定否定式（例2-23）和否定肯定式（例2-24）两种形式。

例 2-23

要么P，要么Q

P_____

所以，非Q

例 2-24

要么P，要么Q

非P_____

所以，Q

根据不相容的选言命题的逻辑性质，不相容的选言推理的两条规则是：①肯定一个选言肢，就要否定其他的选言肢；②否定一个选言肢以外的选言肢，就要肯定余下的那个选言肢。

2. 选言推理的心理学实验范式

以第一章对推理心理学给出的定义为基础，本书对选言推理的定义是：用心理学的研究方法，以逻辑学中包含选言命题的推理题作为实验材料，对人类完成这种推理时的有关心理加工规律所进行的科学研究。

一般情况下，选言推理的心理学研究就是指用选言推理题作为实验材料进行的心理学研究。但是，在心理学研究中，对选言推理的研究有一种特殊的研究范式，那就是被称为"THOG问题"的心理学实验研究。

英国心理学家Wason于1977年首次用排斥选言的逻辑题作为实验材料设计了被称为"THOG问题"的实验，目的是想把该问题当作探索人们进行某种演绎推理时的心理加工过程的一个范例。所谓THOG，只是对这类问题的一个人为的任意的名称，其标准表述形式是Wason在1979年与Brooks合作进行研究时所给出的如下表述：

在你的面前有下列四种图案：灰色的菱形、灰色的圆形、白色的菱形和白色的圆形（图2-9）。

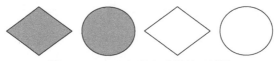

图 2-9　THOG 问题实验材料示例图

假定我已写下一种颜色（灰色或白色）和一种形状（菱形或圆形）。现在请你仔细阅读下列规则：当且仅当一个图案或者包括我已写下的颜色或者包括我已写下的形状，但不同时包括两者时，就称该图案为 THOG。现在，我告诉你灰色的菱形是一个 THOG，请你将以上各图案归入下列各选项之一：

（A）可以断定是一个 THOG。

（B）没有充分的信息做出判断。

（C）可以断定不是一个 THOG。

从实质上说，上述 THOG 问题的求解过程是一种对不相容的选言推理命题的推理过程。

根据上述不相容的选言推理的逻辑推理命题，由 Wason 提出的 THOG 问题的正确答案是：在剩下的三张卡片中，只有白色的圆形是另一个 THOG 的实例，而其他两张卡片则不是。

胡竹菁（2000b）曾对这一求解过程的心理加工历程进行了描述。

THOG 问题在实验中提出的命题通常是："当且仅当某个图形或者包括实验者已写下的颜色，或者包括实验者已写下的形状，但不是同时包括两者时，这一图形就叫作 THOG。"用前述不相容的选言命题的公式表示，这一命题的含义实际上就是"要么 P，要么 Q"。就逻辑学的表达方式而言，"或者包括实验者已写下的颜色"实际上就是选言肢"要么 P"，"或者包括实验者已写下的形状"实际上就是选言肢"要么 Q"，而"当且仅当……但不是同时包括两者……"的表述则表明这是一个不相容的选言命题的推理，因为一个不相容的选言命题的真假问题是：不仅必须有而且也只能有一个肢命题是真的，否则就是假的。根据不相容的选言推理的两种条件命题可知，当实验者指定灰色的菱形是一个 THOG 时，根据不相容推理命题，即"前、后肢不可同真"的原理，就可以推出在剩余的三张卡片中，只有白色的圆形是另一个 THOG 的实例。因为实验者已指定灰色的菱形是一个 THOG，这张卡片在颜色和形状两方面的组合是灰色-菱形，根据这一组合条件和不相容选言推理的两种条件命题，可以推断实验者所选定的在颜色和形状两方面的组合可能是：①灰色-圆形（即不是菱形），理由是"肯定颜色就要否定形状"；②白色（即不是灰色）-菱形，理由是"否定颜色就要肯定形状"。

假定实验者预先选定的是灰色-圆形的组合，如果肯定实验者所选的颜色是灰色，就要否定他所选定的形状，即"不是圆形"（也就是菱形），因此，灰色的菱形是一个 THOG；如果否定实验者所选的颜色，即"不是灰色"（也就是白色），则要肯定实验者所选的形状是"圆形"，因此可推出白色的圆形也是一个 THOG 的实例；而对于其他两种图形而言，灰色的圆形违反了"前、后肢不能同真"的推理命题，白色的菱形则违反了"前、后肢不能同假"的推理命题，因此，这两种图形都不属于 THOG。

假定实验者预先选定的是白色-菱形的组合，如果否定实验者所选的颜色，即"不是白色"（也就是灰色），就要肯定他所选定的形状是菱形，因此，灰色的菱形是一个 THOG 的实例；如果肯定实验者所选的颜色是白色，则要否定实验者所选的形状，即"不是菱形"（也就是圆形），因此也可推出白色的圆形是一个 THOG 的实例；而对于其他两种图形而言，灰色的圆形违反了"前、后肢不能同假"的推理命题，白色的菱形违反了"前、后肢不能同真"的推理命题，因此，这两种图形也都不属于 THOG。

另外一种有效的求解过程是：因为 THOG 图案的含义是"当且仅当某个图形或者包括实验者已写下的颜色，或者包括实验者已写下的形状，但不是同时包括两者"，已知 THOG 的属性在颜色方面是灰色，在形状方面是菱形，将上述两种属性都否定的图案，即"非灰色"和"非菱形"的图案也应该是 THOG，在上述四种图案中，符合这一双重否定的图案只有"白色的圆形"，因此，"白色的圆形"是另外一个 THOG。

总之，四张卡片中的颜色只有灰色和白色两种，形状只有圆形和菱形两种。当实验者所写下的特征是"灰色、圆形"时，灰色的菱形和白色的圆形是 THOG 的实例，因为这两种例子都只包含上述两个特征中的一个。其他两张图形不是 THOG，因为灰色的圆形含有上述两种特征，而白色的菱形则不包含上述两种特征中的任何一种。

自 THOG 问题提出以来，有不少研究者使用该问题进行了实验研究（Kahneman et al., 1982；Mynatt et al., 1993；Girotto & Legrenzi, 1993；Needham & Amado, 1995），并创造出许多类似问题，如单亲姐妹问题（Smyth & Clark, 1986）、小酒店问题（Girotto & Legrenzi, 1993）、行刑者问题（Needham & Amado, 1995）等，这些问题的内容和形式虽各不相同，但解决它们所涉及的推理结构却是一样的，因而都是 THOG 问题。为了将这些 THOG 问题与 Wason 和 Brooks 的 THOG

问题相区分，研究者通常将后者称为标准 THOG 问题。

第二节　归纳推理心理学的主要实验研究范式

一、逻辑学关于归纳推理的含义和类别

根据《普通逻辑》的描述：凡是从个别知识的前提推出一般知识的结论的推理，称之为归纳推理（《普通逻辑》编写组，2011）。通常可以把归纳推理区分为以下三种类型：①完全归纳推理；②不完全归纳推理；③典型归纳推理。

所谓完全归纳推理，是指根据某类事物的每一个对象具有（或不具有）某种属性，从而推出关于该类事物全部对象一般性结论的推理。

所谓不完全归纳推理，是指根据一类事物的部分对象具有（或不具有）某种属性，从而推出关于该类事物全部对象一般性结论的推理。

根据导出结论性质的不同，又可以把不完全归纳推理区分为以下两种类型：①全称归纳推理，指推理者用全称肯定命题来表述不完全归纳推理的结论，例如，人们根据自己所见过的乌鸦都是黑色的，由此概括出全称命题的结论"所有的乌鸦都是黑色的"；②概率归纳推理（简称概率推理，又称统计归纳推理），指根据被考察的样本中百分之几的对象具有（或不具有）某种属性，从而推出总体百分之几的对象具有（或不具有）某种属性的推理。本章第一节曾提到：在心理学研究中，通常也把概率推理视为与演绎推理、归纳推理和类比推理并列的实验范式。本书将采纳这一分类方法。

所谓典型归纳推理，是指考察某类事物的一个典型对象，根据这个典型对象具有（或不具有）某种属性，从而推出关于该类事物全部对象一般性结论的推理。

二、归纳推理的心理学实验研究

以第一章对推理心理学给出的定义为基础，本书对归纳推理的定义是：用心理

学的研究方法，以逻辑学中与归纳推理相关的推理题作为实验材料，对人类完成归纳推理时的有关心理加工规律所进行的科学研究。

对于"在推理心理学发展过程中，是谁最早进行归纳推理的研究？"这一问题，不同的学者有不同的提法。有的学者（Osherson et al., 1990；张仲明等，2004）认为，以类别为基础的归纳（category-based induction）推理的研究首先是由 Rips（1975）设计的；有的学者则认为，类别（category）的研究最早起源于概念的研究（刘志雅等，2003）。而我国著名认知心理学家王甦等明确指出，"我们在'概念'一章中所述的内容，实际上涉及归纳推理"（王甦，汪安圣，1992）。彭聃龄（2012）也认同这一观点，认为"归纳推理在本质上就是概念形成"。因此，如果认同归纳推理的研究包括概念形成的研究，则心理学对归纳推理最早的研究至少可追溯到 1920 年美国心理学家 Hull 所进行的人工概念的研究。

本书第一章曾指出，在推理心理学研究中，归纳推理心理学的实验范式主要包含三种：①Hull（1920）的概念形成实验范式；②Bruner 等（1956）的概念获得实验范式；③Wason 和 Johnson-Laird（1968）的"2-4-6 任务"实验范式。下面我们分述之。

1. Hull 的概念形成实验范式

在逻辑学中，概念是反映对象特有属性或本质属性的思维形式。在心理学中，概念形成是指个体掌握概念本质属性的心理加工过程。由于自然概念的形成涉及许多因素，是一个较长的过程，用实验手段研究自然概念的形成过程几乎是不可能的。为了克服这一困难，心理学家设计了人工概念，并对人工概念的形成进行了大量的实验研究，其目的是说明自然概念的形成过程。

通常认为，最早使用心理学实验方法研究人工概念形成机制的心理学家是 Hull。1920 年，他在《心理学专题论文》（*Psychological Monographs*）上发表了一篇实验报告《概念形成定量分析的实验研究》（"Quantitative aspects of evolution of concepts：An experimental study"），从文章题目中可以得知，Hull 对"概念形成"这一概念的表达词组是"evolution of concepts"。该文报告了他采用配对学习的实验方法所设计和实施的 12 个实验的研究结果。

实验开始前，Hull 从汉语字典中选择诸如"氵""歹""力"等 12 种汉字的偏旁部首，每种偏旁部首各选出 12 个汉字，共选出如图 2-10 所示的 144 个汉字作为视觉呈现的实验材料。

图 2-10　12 个汉字偏旁部首图

Hull 认为，可以通过嘈杂属性（noisy attributes）程度来对某一组汉字是简单还是复杂进行区分。在图 2-10 中，属于同一种偏旁部首的 12 个汉字从左到右按照由简单到复杂的顺序排列，即左边第一个汉字在同组中是最简单的。

利用图 2-10 所示的实验材料，Hull 通过 12 个实验分别对概念形成过程中的从简单到复杂还是从复杂到简单、抽象还是具体、具体样例的熟悉度等影响因素进行了实验研究。下面以该研究中的实验一为例来了解 Hull 是怎样通过实验手段来研究概念形成的。

实验一的研究目的主要是探究被试在概念形成过程中，是通过从简单到复杂的方式还是通过从复杂到简单的方式能更有效地形成概念的相关问题。换言之，如果我们从 "ax，bcx，defx，ghijx，klmnox，pqrstux" 的符号系列中形成 "X" 的概念，那么，是按照从简单到复杂（即从左到右看到符号系列），还是按照从复杂到简单（即从右到左看到符号系列）更容易形成这一概念呢？

实验一使用了如图 2-10 所示每一种偏旁部首的前 6 个汉字作为实验材料。每个汉字作为实验材料呈现 3 次，这样，每位被试对同一种偏旁部首形成概念时就有 18 次测试机会，对 12 种偏旁部首形成概念时的总测量次数就是 216 次。此外，被试对 12 种汉字偏旁部首形成相应的 12 个概念的实验过程中，其中 6 个概念按从简单到复杂的方式进行，另外 6 个概念按从复杂到简单的方式进行。

10 位被试参加了实验一的研究。实验以个别测试的方式进行，其中有 5 位被试对前 6 个概念的测试顺序是按照由易到难，即从第 1 个到第 6 个的顺序依次呈现的，另外 5 位被试对这 6 个概念的测试顺序则是按照由难到易，即从第 6 个到第 1 个的顺序依次呈现的；10 位被试对后 6 个概念的测试顺序则正好相反。

采用配对学习的方法进行实验。实验时，主试将每张写有某个汉字的卡片给被试呈现 5 秒钟，同时会读出一个与之相配对的无意义音节，然后给被试一定的反应时间。

被试在看到同一种偏旁部首所含的每一个汉字时都会听到同一种无意义音节与之配对，如在看到诸如"沣""沛"等以"氵"为偏旁部首的 12 个汉字时都会同时听到同一个无意义音节"oo"；看到诸如"殂""殓"等以"歹"为偏旁部首的 12 个汉字时都会同时听到同一个无意义音节"yer"。

进行几次测试后，主试鼓励被试在看到汉字后，在主试读出无意义音节之前尝试读出与该汉字配对的无意义音节，记录下其读错的次数。

如果被试在实验过程中能通过一系列具有某个偏旁部首的汉字和某种与之对应的特定无意义音节的配对后，寻找到该组汉字的核心特征（即具有相同的汉字偏旁部首），并用相应的无意义音节对其进行命名，如将用"氵"作为偏旁部首的"沛""泳""沈"等汉字都命名为"oo"时，就说明被试已将"氵"这一偏旁部首与无意义音节"oo"联系起来形成了概念。

实验结果表明，在概念形成过程中，按照从简单到复杂的方式要比按照从复杂到简单的方式更容易形成概念。

此外，Hull 还认为，概念形成是将一类事物的共同因素抽象出来并对它们做出相同反应的心理加工过程，后人把这种观点称为共同因素学说（王甦，汪安圣，1992）。这个理论曾在较长时间内产生影响，直到 20 世纪 50 年代才逐渐式微。继之而起的是以 Osgood（1953）为代表提出的共同中介学说，该理论认为，概念形成是获得一组刺激的共同中介反应。

这两个理论是有差别的，但两者都以某种方式包含刺激-反应原则。虽然这两个理论触及概念形成的某些环节或方面，然而，正如许多心理学家指出的，这两个理论对概念形成的解释显得过于简单和机械。它们都有一个共同的严重缺陷，就是使概念形成过程带有某种被动色彩，没有充分考虑人的主动性。

与此不同的是，Bruner 等（1956）提出的假设检验理论（hypothesis-testing

theory）在 20 世纪 50 年代兴起，并在认知心理学中占据主导地位，具体介绍如下。

2. Bruner 等的概念获得实验范式

1956 年，美国著名心理学家 Bruner 与其他两位学者合作出版了《思维研究》（*A Study of Thinking*）一书。作者在序言中指出，"本书试图研究生活中最常见和最简单的认知现象，即'分类'（categorizing）或'概念化'（conceptualizing）"（Bruner et al.，1956）。全书八章内容报告了 20 个实验研究结果，主要探讨了有关概念形成的一般过程和个体使用不同策略对其正确形成概念所产生的不同影响。

对概念形成的一般过程进行实验研究的目的是，试图通过被试在具有不同属性的图片中会选择什么样的图片来寻找主试预设的概念，以此来探讨概念形成过程的实质。

在不同的实验中，主试给被试呈现的图片的属性类别是不一样的。例如，其中一个实验中，主试给被试呈现的每张图片都包括以下 6 种属性，每种属性又包括 3 种不同类别：①图形的数量（number of figures）：1 个、2 个、3 个。②图形的类别（kind of figures）：方形、圆形、十字形。③图形的颜色（color of figures）：红色、绿色、黑色。④边框线的数量（number of borders）：1 条、2 条、3 条。⑤边框线的类别（kind of borders）：粗线、点状线、波形线。⑥边框线的颜色（color of borders）：红色、绿色、黑色。

心理学研究中引用最多的是如图 2-11 所示的包含上述前四种属性的图片，因为每一种属性都包含 3 种不同类别，所以合计有 81 张图片。

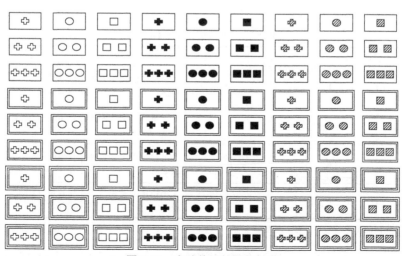

图 2-11　实验使用的图片材料

实验过程中，主试预设的概念既可以是由单一属性构成的概念，如"黑色图片""圆形图片"等（上述两个概念在图 2-11 中各含有 27 张图片），也可以是由几种属性组合在一起的概念，如"黑色圆形图片"（这个概念在图 2-11 中含有 9 张图片），还可以是更为复杂的析取概念，如"或者两个圆形的图片或者两条边框的图片"（这个概念在图 2-11 中含有 33 张图片）。

Bruner 等的实验程序是：首先，主试同时将 81 张图片呈现给被试，并向被试说明图片都有哪些属性以及怎样将图片结合成概念。其次，主试告诉被试："我现在心中有一个概念，概念的属性可以在这张图片上看到。"比如，主试心中预想一个"白色圆形"的概念，然后指着如图 2-12 所示的"三个白色的圆形、两个边框"的图片提示被试该图片与他心中的概念相吻合。

图 2-12　概念关系提示图片

最后，主试对被试说："请你按自己的想法，每次指一张图片给我看，我会马上把你所选择的图片是否与我心中的图片概念相吻合告诉你，看看你是否能发现我心中所想的图片概念是什么。"被试的任务是，尝试选择相应的图片并根据主试的每一次反馈找出主试心中的概念。

就本例而言，主试心中预想的一个概念是"白色圆形"，Bruner 等认为，被试将会根据如表 2-12 所示的选择方法，通过每一次选择后主试给予的反馈来保留或者改变目标图中所示的各种属性。

表 2-12　某位被试的一组选择

被试的选择		主试的反馈	图形属性	功能
第一次	○ ○	对	两个白色的圆形两条边框	排除是"三个图形"的相关属性
第二次	◎◎◎	错	三个条纹的圆形两条边框	保留是"白色图形"的相关属性
第三次	✚ ✚ ✚	错	三个白色的十字形两条边框	保留图形是"圆形"的相关属性
第四次	○ ○ ○	对	三个白色的圆形一条边框	排除"两个边框"的相关属性

注：根据 Bruner 等（1956）的描述改编

实验至此为止，被试也许就会说"我想你心中的概念是'白色圆形'"。换言之，人们可以通过这种心理加工过程形成某种概念。

王甦和汪安圣（1992）认为，这种人工概念形成的实验实际上是一种分类实验，以有关属性为标准，将一个刺激总体上分为肯定实例和否定实例两种类型。被试掌握了这个标准，就可以正确地将两类实例区分开来了。

Bruner 等提出了假设检验理论来解释类似上述这样的人类概念形成的心理加工机制。该理论主要包括以下三方面的内容。

（1）对人类概念形成过程基本加工机制的论述

该理论认为，在概念形成过程中，人们需要利用现在获得的和已存储的信息来主动提出一些可能的假设，即设想所要掌握的概念可能是什么。这里所说的假设是认知的单元，是人们解决概念形成问题的行为的内部表征。这些可能的假设组成了一个假设库。在概念形成过程中，对任何一个刺激做出反应之前，被试必须从他的假设库中提取出一个或几个假设并据此做出反应，即对所应用的假设进行检验：如果主试对他某次行为反应的反馈是"正确"，那么他就将继续使用他所选择的那个假设，这就是"成功-继续"模式，否则就会更换假设，即"失败-更换"模式，将原来使用的假设放回假设库，再从假设库中提取出其他的假设来进行检验。这个过程持续进行下去，直到获得某个正确的假设，即形成某个概念为止。换言之，概念的形成过程也就是如上述那样的假设检验过程。

（2）两种不同的假设形成方式

在上述实验过程中，当主试呈现出第一张肯定实例后，被试不得不根据这个肯定实例对未知的概念进行猜测，形成一个他对这个未知概念的假设，并且依据他的假设来选取其他的肯定实例。这时，被试形成假设只有两个途径或方式。

第一种是形成一个总体假设，即把主试呈现的第一个肯定实例所包含的全部属性都看作该未知概念的有关属性。例如，如果这个肯定实例是含有一条边框和两个白色圆形的图片，那么他就需要把这张图片包含的全部属性——一条边框、两个图形、白色、圆形——都设想为未知概念的潜在的有关属性。

第二种是形成一些部分的假设，即根据主试呈现的第一个肯定实例所包含的部分属性来形成关于未知概念的假设，就上例而言，可以形成诸如"一条边框""两个图形""两个圆形""白色图形"等不同的假设。

上述两种不同的假设形成方式的主要区别就在于它们是否包含主试给定的肯定实例中的全部属性。

（3）四种通用的概念形成策略

在概念形成过程中，人们一开始选择的一种假设形成方式（总体形成方式或部分形成方式）对于他后面的假设检验过程是有很大影响的，换言之，假设形成方式和检验该假设是一个有机的整体，若一开始形成的是总体假设方式，那么其后续用于指导选择和检验假设的策略与一开始就形成部分假设方式的心理加工方式是不一样的，这构成了假设检验理论中有关概念形成策略的相关内容。Bruner 等认为，用于假设检验的通用策略主要包括以下四种：①同时性扫描（simultaneous scanning）；②继时性扫描（successive scanning）；③保守性聚焦（conservative focusing）；④博弈性聚焦（focus gambling）。

Bruner 等的研究发现，在他们的被试中，多数人采用总体假设方式，少数人采用部分假设方式。在采用总体假设方式的被试中，又以应用保守性聚焦策略者居多；而在采用部分假设方式的被试中，继时性策略得到更多的应用，同时性扫描和博弈性聚焦都很少被采用。但是，被试在实验过程中也会偏离某种策略，表现为被试所做的选择不符合其所选择的那种策略，也可能会发生策略的改变，转而采用别的相近的策略。

3. Wason 和 Johnson-Laird 的"2-4-6 任务"实验范式

Bruner 等的研究重点是探索人们是如何通过假设检验过程来形成某个概念的心理加工规律，其研究发表后不久，Wason（1960，1968）就将这类研究拓展到规则形成领域。

关于人们似乎不能用最优方式检验假说的一个重要证据来自 Wason 于 1960 年所报告的著名的"2-4-6 任务"实验（安德森，2012）。在这个实验中，被试被告知"2-4-6"是符合某种规则的一个三元组，要求被试通过考察其他数字三元组是否符合规则来找出这个规则。表 2-13 是来自 Wason 实验中某位被试的口述报告。这份口述报告中给出了被试提出的每一个三元组及其选择的原因，并附有主试对这些三元组是否符合规则的反馈。当被试决定报告其得出一个假设的时候，三元组序列就会被随机打乱，主试对每一个假设的反馈放在了括号中。

表 2-13　某位被试寻找规则的过程

三元组	选择三元组的理由	主试的反馈
8 10 12	每次加 2	是
14 16 18	按从小到大的顺序排列的偶数	是
20 22 24	相同理由	是
1 3 5	在前一个数上加 2	是
报告	规则是从任何一个数字开始，每次加 2 形成下一个数字	（错）
2 6 10	中间的数是两个数的自述平均数	是
1 50 99	相同理由	是
报告	规则是中间的数是另外两个数的自述平均数	（错）
3 10 17	每次加上相同的数字 7	是
0 3 6	每次加 3	是
报告	规则是两个相邻数之间的差相等	（错）
12 8 4	每次减去相同的数以形成下一个数	错
报告	规则是每次减去一个相同的数，以形成下一个数	（错）
1 4 9	按从小到大顺序排列的任意三个数	是
报告	规则是按从小到大顺序排列的任意三个数	（正确）

　　这份口述报告中值得注意的一个重要特征是，被试几乎只产生与假设一致的序列来检验假设。在这种情况下，较好的程序是同时也要生成与假设不一致的序列。也就是说，被试在检查正向证据的同时，也应尽早检查负向证据。这就反映了一个事实，被试开始形成的假设过于狭窄，因而没有得到正确假设。发现这种错误的唯一途径是检查那些与假设不一致的例子，而这是很难做到的。

　　另一个实验中，在被试报告了假设之后，Wason（1968）询问参与这一实验的16 名被试会怎样判断假设是否正确。其中有 9 名被试说他们只产生与假设一致的实例，等待一个不符合规则的实例出现。只有 4 名被试说他们会产生与假设不一致的实例来判断这些实例是否符合规则。剩下的 3 名被试则坚持说他们的假设不会不正确。这种只选择正向实例的策略叫作证实偏向（confirmation bias）。

第三章

心理逻辑理论

第一节　心理逻辑理论概述

一、心理逻辑理论的起源

通常认为，现代心理学对演绎推理中有关心理逻辑研究的理论源于 Henle 的思想。Henle 于 1962 年在《心理学评论》杂志上发表了《论逻辑与思维的相互关系》（"On the relation between logic and thinking"）一文。该文在对前人研究成果进行综合分析的基础上，指出在逻辑与思维相互关系问题上存在以下两种对立观点。

第一种观点认为，逻辑与思维加工是无关的，逻辑只是对思维过程的描述。相应的问题是：演绎推理中的错误是否意味着违背了逻辑加工？换言之，假如我们知道某人在根据前提进行推理——无论是内隐的还是外显的，我们能认为这是在三段论形式中的加工吗？或者有如穆勒于 1874 年所说的那样，在推理中发生错误是否意味着三段论是一种坏的形式吗（Henle，1962）？或许可以对推理错误做出其他的解释。

第二种观点认为，逻辑与思维加工是密切相关的，逻辑是关于思维的规范。相应的问题是：即使在推理结果是错误的情况下，其推理加工的心理过程是否也遵循着逻辑规则？以三段论推理为例，即使在不是明显使用三段论形式的情况下，三段论推理的规则是否也确实描述了演绎推理的心理加工过程？

Henle 在该文小结中表达了她对上述问题所持的基本观点："有证据表明，即使在思维加工结果是错误的情况下，也显示出这种思维加工并没有违反三段论推理的规则。"

她在文章中还指出，人们在进行演绎推理的过程中之所以会发生错误，既可能是由三段论的形式与内容所致，也可能是由给被试呈现的指导语所致。当推理者在对当前的推理材料进行处理时，以下几种加工都可能会导致推理错误：①未能正确接受逻辑作业；②对某个前提或结论进行重新表述以便能使意义改变；③省略了某个前提；④由于增加前提而犯错误。

二、心理逻辑理论的发展

上述 Henle 关于人们所进行的演绎推理总是遵循心理逻辑的观点得到了许多心理学研究者的认同，由此发展出被称为"心理逻辑"的相关推理理论。不同的心理逻辑理论提出者一方面认同 Henle 提出的关于"人的推理主要遵循逻辑规则"的观点，另一方面在关于"心理逻辑是什么"等问题上又持有不同的看法，由此形成了不同版本的心理逻辑理论。其中较有影响的是以下两种：①Braine 提出的心理逻辑理论；②Rips 提出的证明心理学理论。

由于这两种推理心理学理论的提出者在实验研究中所使用的材料都涉及逻辑学中的命题逻辑（propositional logic）和自然推理（natural deduction），在论述这两种心理逻辑理论之前，有必要先了解一下逻辑学有关命题逻辑和自然推理的相关原理。

三、命题逻辑和自然推理概述

现代逻辑理论认为，现代命题逻辑主要研究推理有效性的判定及形式证明问题，且主要从形式结构上来研究命题，因此，在研究复合命题时，现代命题逻辑所要研究和把握的也就仅仅是复合命题的各肢命题之间在结构上的最一般的联系（《普通逻辑》编写组，2011）。联结各种复合命题的真值联结词主要有五个，其相应的命题逻辑符号如表3-1所示。

表 3-1 复合命题联结词表

序号	联结词名称	命题逻辑符号	含义
1	否定（negation）	¬	并非……
2	合取（and）	∧	……并且……
3	析取（or）	∨	……或……
4	蕴涵（if）	→	如果……那么……
5	等值（if and only if）	↔	……当且仅当……

现代逻辑所说的"自然推理"是指按自然演绎思想构成的一种形式化的逻辑演算系统。该系统有关形式证明的结构能够精确地把包含某种真值联结词的复合命题的日常推理转变为逻辑结构，可以从给定的前提出发，用给定的推理规则进行推演，并通过引入假设来推出形式结论。常见的自然推理主要包括如表 3-2 所示的 11 条规则。

表 3-2 自然推理主要规则表

序号	规则名称	命题逻辑符号	图式表达
1	自推规则	∈	$\dfrac{A}{A}$
2	合取消去规则	∧ −	$\dfrac{A \wedge B}{A}, \dfrac{A \wedge B}{B}$
3	合取引入规则	∧ +	$\dfrac{A,\ B}{A \wedge B}$
4	析取消去规则	∨ −	$\begin{array}{cc}[A] & [B]\\ \vdots & \vdots\end{array}$ $\dfrac{A \vee B \quad C \quad C}{C}$
5	析取引入规则	∨ +	$\dfrac{A}{A \vee B}, \dfrac{B}{A \vee B}$
6	蕴涵消去规则	→ −	$\dfrac{A,\ A \rightarrow B}{B}$
7	蕴涵引入规则	→ +	$[A]$ $\vdots$ $\dfrac{B}{A \rightarrow B}$
8	等值消去规则	↔ −	$\dfrac{A \leftrightarrow B}{A \rightarrow B}, \dfrac{A \leftrightarrow B}{B \rightarrow A}$

续表

序号	规则名称	命题逻辑符号	图式表达
9	等值引入规则	$\leftrightarrow +$	$\begin{array}{cc} [A] & [B] \\ \vdots & \vdots \\ B & A \\ \hline \end{array}$ $A \leftrightarrow B$
10	否定消去规则	$\neg -$	$\dfrac{\neg\neg A}{A}$
11	否定引入规则	$\neg +$	$\begin{array}{c} [A] \\ \vdots \\ B \wedge \neg B \\ \hline \neg A \end{array}$

"图式表达"一列中，A、B、C 表示系统中任意的公式；公式中的横线"——"含有推断的意味，它上面所列的是推演的前提，如果有多个前提，那么前提之间用逗号隔开；它下面所列的是由横线上的前提所推演出的结论。$\begin{array}{c} A \\ \vdots \\ B \end{array}$ 表示由假设 A 可以推演出 B；方括号 [ ] 表示其中的公式只是暂时的假设，它是在推论中最终将被消除的假设公式，即它不是结论的前提，但也并非可有可无。因为在 $\dfrac{\begin{array}{c}[A]\\ \vdots \\ B\end{array}}{A \to B}$ 这样的图式中，A 虽然不是（$A \to B$）的前提，但 $\begin{array}{c}[A]\\ \vdots \\ B\end{array}$ 整个却是（$A \to B$）的前提。这已经涉及引入假设的问题。

根据上述各符号的含义，表中 11 条规则的大致含义可以解释如下。

规则 1 表示：以一个公式为前提，可以推论出它自身。

规则 2 表示：以 $A \wedge B$ 为前提，我们能够推出 A 或者 B。

规则 3 表示：以 A 或者 B 为前提，我们都能够得到结论 $A \wedge B$。

规则 4 表示：如果 $A \vee B$，并且从 A 和 B 各自都能推演出 C，那么我们就能得到结论 C。

规则 5 表示：以 A 或者 B 为前提，我们都能得到结论 $A \vee B$。

规则 6 表示：由公式 A 和 $A \to B$ 可以推出结论 B。

规则 7 表示：如果我们假设了 A，并且能够从 A 中推演出 B，那么我们就可以得到结论 $A \rightarrow B$。

规则 8 表示：从 $A \leftrightarrow B$ 中既可以推演出 $A \rightarrow B$，也可以推演出 $B \rightarrow A$。

规则 9 表示：若 A 能推演出 B，且 B 能推演出 A，那么我们就可以得到结论 $A \leftrightarrow B$。

规则 10 表示：根据 $\neg\neg A$ 可以推出结论 A。

规则 11 表示：如果能从 A 推演出 $B \wedge \neg B$（即从 A 既可以推演出 B，又可以推演出 $\neg B$），那么我们就可以得到结论 $\neg A$。

第二节　Braine 的心理逻辑理论

一、Braine 的心理逻辑理论的提出

受 Henle 观点的启发，Braine 于 1978 年在《心理学评论》杂志上发表了《论自然推理逻辑与标准逻辑之间的相互关系》（"On the relation between the natural logic of reasoning and standard logic"）的文章，文中提出了心理逻辑理论的基本观点。在这篇文章中，Braine 把这一理论称为"命题推理的逻辑因素理论"（theory of the logical component for propositional reasoning）。在 1984 年与同事共同署名发表的文章中，Braine 把这一理论称为"自然命题逻辑理论"（theory of natural propositional logic）。

从 20 世纪 70—80 年代开始，Braine 与这一理论的另外一位代表人物 O'Brien 合作进行了研究。1998 年，在 Braine 去世两年后，他们合作研究的最主要成果《心理逻辑》（Mental Logic）一书出版。这一理论在该书中最终被命名为"心理逻辑理论"（theory of mental logic），有时也被称为"心理命题逻辑"（mental propositional logic）。O'Brien 为这一理论的完善和发展做出了非常重要的贡献。

《心理逻辑》一书共分三个部分：第一部分论述了心理逻辑理论的哲学背景和提出动机等相关问题；第二部分论述了心理逻辑理论的理论内涵和实验证据，以及

与 Rips 提出的"证明心理学"的关系等内容；第三部分论述了心理逻辑理论与 Johnson-Laird 提出的心理模型理论的比较研究，Braine 和 O'Brien（1998）将心理模型理论视为非逻辑理论（nonlogical theories）的代表性理论。

到目前为止，Braine 和 O'Brien（1998）在该书中所阐述的内容是心理逻辑理论最为完整和权威的论述。

二、Braine 的心理逻辑理论的主要观点

Braine 和 O'Brien（1998）指出，他们主张的心理逻辑理论主要包括以下三方面内容：①构成心理逻辑理论基础的一组推理规则图式；②将推理规则图式应用于推理过程的推理方案；③心理逻辑理论的实际应用意义。

笔者认为，可以从以下几个方面来把握心理逻辑理论的基本观点：①注意区分"推理规则"和"推理规则图式"这两个概念的不同含义；②正确理解心理逻辑理论所主张的演绎推理模型所需要的三种成分；③注意该理论对错误推理结果的错误源的解释。

1. 推理规则和推理规则图式的含义

Braine（1978）指出，心理逻辑理论中所含的一组推理规则图式实际上就是如表 3-2 所示自然推理中所含的内容，不同的是，心理逻辑理论对"推理规则"和"推理规则图式"这两个概念做了明确的区分。

心理逻辑理论认为，推理规则是指通过它的影响，当某种其他的命题已经被建立起来时，就可以直接得到一个结论性命题的一种规则。它与采用一种推理规则的符号表达方式是一样的，即在该规则中，一条水平线（可以称之为推理线）的下方写着推理的结论，在该线的上方则写着推出该结论的背景性命题，下面符号（1）表达的是一个推理规则。

符号（1）：$\dfrac{\text{或者是Ford获胜或者是Carter获胜，Ford没有获胜}}{\text{Carter获胜}}$

心理逻辑理论把推理规则图式视为一个公式。该公式通过确定其形式来定义推理规则，下面符号（2）表达的是一个推理规则图式。

符号（2）：$\dfrac{\text{P或者Q，非P}}{Q}$

当用命题来取代规则图式中的字母时，结果就是一个推理规则。因此，上述符号（1）所示的推理规则是用命题替换规则图式字母，符号（2）所示的是推理规则图式的一个例子。

心理逻辑理论所说的推理规则图式构成了心理逻辑理论的逻辑成分（logical component）。推理规则规定了在一个推理锁链中从某一步移向另一步的规则，因此，包含一组推理规则图式的逻辑将需要提供一种关于人们在推理中所用的演绎步骤的假设。理解演绎步骤假设的关键在于掌握该理论所主张的演绎推理模型所需要的三种成分。

2. 演绎推理模型所需要的三种成分

Braine 心理逻辑理论的第二部分内容是将推理规则图式应用于推理过程的推理方案，Braine（1978）认为，这种演绎推理模型是由逻辑成分和操作成分（performance component）两种成分构成的。在心理逻辑理论的最终版本中，其构成成分除了逻辑成分和操作成分之外，还增加了策略成分（strategies component）（Braine & O'Brien，1998）。

（1）心理逻辑理论中的逻辑成分

Braine 和 O'Brien（1998）指出，逻辑成分是指由一种构成命题的逻辑词汇和一组已有的基本演绎步骤所构成的内容。

Braine（1978）认为，逻辑成分实际上就是自然逻辑系统中所含的推理规则图式，Braine 和 O'Brien(1998)将这些图式称为"心理–命题逻辑中的基本推理图式"，如表 3-3 所示，这些推理图式包括 11 个推理规则图式和 3 个其他图式。推理规则图式又可分为三种：7 个核心图式（core schemas）、2 个边缘图式（feeder schemas）和 2 个不相容图式（incompatibility schemas）。

表 3-3　心理–命题逻辑中的基本推理图式

图式类别	图式的内涵	难度等级	一步问题错误率/%
核心图式 1	$\sim\sim P = P$	1.09	1
核心图式 2	如果P_1或者……或者P_n那么P P ——— Q	0.49	0
核心图式 3	P_1或者……或者P_n $\sim P_i$ ——— P_1或者……或者P_{i-1}, 或者P_{i+1}或者……或者P_n	1.38	2.5

续表

图式类别	图式的内涵	难度等级	一步问题错误率/%
核心图式4	$\sim (P_1$并且……并且$P_n)$ P_i ――――――――――――― $\sim (P_1$并且……并且P_{i-1}并且P_{i+1}并且……并且$P_n)$	1.39	4
核心图式5	P_1或者……或者P_n 如果P_1那么Q……；如果P_n那么Q ――――――――――――― Q	0.16	0
核心图式6	P_1或者……或者P_n 如果P_1那么Q_1……；如果P_n那么Q_n ――――――――――――― Q_1或者……或者Q_n	0.47	0
核心图式7	如果P那么Q P ――――――――――――― Q	0.47	2
边缘图式1	P_1；P_2；……P_n ――――――――――――― P_1并且P_2并且……并且P_n	0.34	1
边缘图式2	P_1并且……并且P_i并且……并且P_n ――――――――――――― P_1	0.41	0
不相容图式1	P $\sim P$ ――――――――――――― 没有必然结论	0.20	1
不相容图式2	P_1……或者P_n $\sim P_1$或者……或者$\sim P_n$ ――――――――――――― 没有必然结论	0.66	0
其他图式1	如果给定的形式推理是"有 P 就有 Q"，那么人们会得出这样的结论"如果 P 那么 Q"	—	—
其他图式2	如果给定的形式推理是"有 P 就推不出结论"，那么人们会得出这样的结论"非 P"	0.02	—
其他图式3	P 并且（Q_1或者……或者 Q_n）=（P 并且 Q_1）或者……或者（P 并且 Q_n）	0.16	4

注：表中第 3 列和第 4 列为后面将论述的实证数据

资料来源：Braine，M. D. S.，& O'Brien，D. P. O.（1998）. *Mental Logic.* Mahwah：Lawrence Erlbaum Associates

所谓核心图式，是指当适当的几个命题在一起时会自动被用于直接推理的图式，如推理者遇上"P 或 Q"和"非 P"这两个命题时，会自动推断出结论"Q"。这是一组人们在进行程序性推理和不需要明显努力的推理时所需要的推理规则图式。心理逻辑理论所说的核心图式主要有以下七种。

核心图式 1 的含义是：非非 P 等于 Q。例如，命题"这里没有一个 W 是假的"等同于命题"这里有一个 W"。

核心图式 2 的含义是：如果有 P_1 或者有 P_2……或者有 P_n，那么就会有 Q；现在有 P_i，那么，结论就是有 Q（例 3-1）。

例 3-1

（前提1）：如果存在一个C或者存在一个H，那么就会存在一个Q

（前提2）：现在存在一个C

（结论）：那么存在一个Q

核心图式 3 的含义是：有 P_1 或者有……或者有 P_n 这么多个项；没有 P_i 项，那么，有 P_1 或者有……或者有 P_{i-1}，或者有 P_{i+1} 或者有……或者有 P_n，即有除 P_i 之外的其他各个项（例 3-2）。

例 3-2

（前提1）：存在一个D或者存在一个T

（前提2）：不存在D

（结论）：那么存在一个T

核心图式 4 的含义与核心图式 3 的含义正好相反：P_1 和……和 P_n 等项同时存在是虚假的；有 P_i 项，那么，结论就是没有 P_1 并且没有……并且没有 P_{i-1}，并且没有 P_{i+1} 并且没有……并且没有 P_n，即除 P_i 之外的其他各个项都不存在（例 3-3）。

例 3-3

（前提1）：同时存在G和I两者是虚假的

（前提2）：存在一个G

（结论）：那么不存在I

核心图式 5 的含义是：如果 P_1 至 P_n 各个项中的某个项存在，而如果 P_1 至 P_n 的任何一个项存在就会有 Q，那么结论就是有 Q 存在（例 3-4）。

例 3-4

（前提1）：或者存在F或者存在R

（前提2）：如果存在F就会存在L；如果存在R就会存在L

（结论）：存在一个L

核心图式 6 的含义是：如果 P_1 至 P_n 各个项中的某个项存在，而如果有 P_1 就会有 Q_1；有 P_n 就会有 Q_n，也就是说，P 中的任何一个项存在就会有 Q 中对应的 Q 项存在；那么结论就是 Q_1 至 Q_n 中的某个项存在（例 3-5）。

例 3-5
（前提1）：或者存在一个I或者存在一个B
（前提2）：如果存在I就会存在N；如果存在B就会存在T
（结论）：或者存在一个N或者存在一个T

核心图式 7 的含义是：如果存在 P 那么就会存在 Q，现在 P 存在，那么结论就是 Q 存在（例 3-6）。

例 3-6
（前提1）：如果存在一个T那么就会存在一个L
（前提2）：现在存在一个T
（结论）：存在一个L

Braine 和 O'Brien（1998）认为，边缘图式是指除非其命题的输出能满足随后的推断，否则一般不被使用的那些图式，人们通过直接推理程序就会自动使用边缘图式。边缘图式主要包含以下两种。

边缘图式 1 的含义是：存在 P_1，存在 P_2……存在 P_n，结论就是 P_1 和 P_2 和……和 P_n 都存在（例 3-7）。

例 3-7
（前提1）：存在一个G
（前提2）：存在一个S
（结论）：G和S都存在

边缘图式 2 的含义与边缘图式 1 的含义正好相反：如果从 P_1 至 P_n 各项都存在，那么它们中的某个项必定存在（例 3-8）。

例 3-8
（前提）：O和Z都存在
（结论）：存在一个O

Braine 和 O'Brien（1998）认为，核心图式和边缘图式都属于直接推理程序，直接推理程序是逻辑推理的基础。

表 3-3 中所列的第三种图式是不相容图式，这种图式一般用于间接推理程序。间接推理程序的获得需要某些直觉或思考。不相容图式可用于知识推断中，既可以起到积极作用，也可以起到消极作用。不相容图式包括以下两种。

不相容图式 1 的含义是：P 和非 P 并存时没有必然结论，也就是说，任何事项及其否定事项是不可能同时并存的（例 3-9）。

例 3-9

（前提1）：存在一个M

（前提2）：不存在一个M

（结论）：推不出任何结论

不相容图式 2 的含义是：多项 P 和对应的非 P 并存时推不出任何结论，也就是说，任何事项及其否定事项是不可能同时并存的（例 3-10）。

例 3-10

（前提1）：或者存在一个R或者存在一个W

（前提2）：R和W都不存在

（结论）：推不出任何结论

除了上述三种主要推理规则图式外，Braine 等认为，人们推理时有时还会用到如表 3-3 所示的 3 个其他图式。例 3-11 就是其他图式 3 的一个例子。

例 3-11

（前提）：存在一个B并且存在一个L或一个R

（结论）：存在一个B和一个L或者存在一个B和一个R

（2）心理逻辑理论中的操作成分

操作成分指的是包括程序和策略的推理程序。其中策略是指能将一系列推理步骤联系在一起的应用选择图式。

Braine（1978）把心理逻辑理论中的操作成分定义为"是由理解前提和建构推理路线所构成的程序"，主要包含两种程序：一种是决定从前提中接收信息的理解过程；另一种是建构推理路线的例程和策略。

Braine 与 O'Brien（1998）将操作成分的定义修改为"推理者以图式为工具进

行推理时所依据的推理程序"。这种推理程序主要包括以下两种。

第一种是直接推理例程（direct reasoning routine，DRR）。这是一种决定从前提中接收信息的理解加工程序，换言之，这是一种将图式应用在存在一个其真值已被评估的给定结论的问题情境中的推理例行程序。直接推理例程包括预备步骤（preliminary procedure）、推理步骤（inference procedure）和评估步骤（evaluation procedure）三种。

1）预备步骤的内涵包括两方面：一是如果给定结论的陈述形式是"如果……那么……"，则就把前件加到前提中，把后件作为要检验的结论；二是使用评估程序来检验结论（可以是给定的结论，也可以是如前一方面内涵所述所创建的新结论）。

2）推理步骤的内涵是：对于表 3-3 中所示 7 种核心图式中的每一种核心图式，如果满足某种应用条件，或者如果其应用条件可以先通过应用一种边缘图式或几种边缘图式的结合而得到满足的话，那么就可以使用它，将演绎出的命题增加到那一组前提中去。当存在一个要评估的结论时，就以那一组前提集中提供的观点为背景使用这种评估程序来验证该结论。如果评估的结果是不确定的，就重复这种推理程序。假如不存在要评估的结论，就仅仅重复这种推理程序（在实施推理程序时，不应用任何图式，这些图式只对复制一个已经存在于前提集中的命题有影响）。在得到推断结论的过程中，可选择使用一次边缘图式。

3）评估步骤的内涵是：以一组前提为背景来验证一个给定的结论，假如该结论是在那一组的前提中已有的，或者该结论可以通过使用某种边缘图式或边缘图式的结合而推出的话，就做出该结论为"真"的反应；假如该结论，或者从边缘图式 2（以及不相容图式 1 或不相容图式 2）得到的推断与那一组前提中的某个命题是矛盾的，或者那个推断与通过使用一种边缘图式或边缘图式的结合而得出的那一组前提中所推断出的命题是矛盾的，就做出该结论为"假"的反应。

第二种是非直接推理策略（indirect reasoning strategy，IRS）。这是指将图式应用在没有给定结论，如当被试正在从他们已有的信息中进行推断的时候构成的有序推理的程序和策略，主要包括以下三种。

1）可选假设策略（suppositon-of-alternatives strategy）是指，如果该组前提包括一个析取关系命题（或者如果其中一个前提应用了边缘图式 2），且如果其中某些析取命题在该组前提中不是以条件中的前件出现，那么就假设这些命题中的每一个都会转而尝试以它为前件，应用其他图式1推导出一个条件。

2）备选推测的列举策略（strategies of enumeration of alternatives a priori）是指，假如一组前提中包括一个或多个诸如"如果P那么……"或"如果非P那么……"这种形式的条件，那么就把P或非P这样的命题加到该组前提中，然后转回到推理程序上。

3）间接证明法（即归谬法）包含两种形式：①限制的形式（limited form），即假如在一个前提命题或一个结论中内嵌着一个联合或一个析取，那么，就假定该联合或析取为一个其他图式2并使用评估程序来验证它与该组前提的兼容性问题。如果评估结果为"虚假的"，就将对该联合或析取的否定加进前提集中，再以该组前提中的论点为背景使用评估程序来验证该结论，而如果这种评估是不可确定的，就转回到推理程序上。②更强形式（stronger form），即要验证给定结论的虚假，或者要验证任何镶嵌在一个前提或结论中的命题的虚假，就把该命题的否定加到该组前提中，然后尝试派生出一种与图式13不兼容的图式，使用这一推理程序，或者使用任何可供使用的其他策略和评估程序。

心理逻辑理论认为，在上述两种推理程序中，直接推理程序是关键推理技能。推理规则图式和直接推理程序构成主要的推理技能，两者的结合就构成了心理逻辑理论的基本内涵。该理论还认为，非直接推理部分是个体后来获得的次要技能。这种技能虽然在成人中是共有的，但却因个体的不同而有所不同。

Braine与O'Brien（1998）指出，操作成分中的推理方案从应用直接推理程序开始，一直到评估出推理结论为止，或者到该推理程序不再产生新的命题时为止。假如个体应用直接推理程序未能评估出该推理的结论，则会应用非直接推理策略。

（3）心理逻辑理论中的策略成分

策略成分指的是一组与非逻辑或准逻辑有关的程序。这一成分决定了个体在应用推理程序难以对某个问题派生出一个解时应如何做出反应。它们会影响个体对表面结构命题的解释，并且能暗示或抑制某种推断和推理策略。

3. 对错误推理结果的错误源的解释

逻辑成分和操作成分是心理逻辑理论的核心内容，此外，心理逻辑理论还认为，推理过程中出现的错误主要源于三个方面，Braine等把这三个方面的错误源分别称为理解错误（comprehension errors）、启发不充分错误（heuristic inadequacy errors）和加工错误（processing errors）。

1）理解错误是一种建构前提或结论时所犯的错误，也就是说，被试对问题信息的理解与问题建构者的原有企图是不一致的。

2）启发不充分错误发生在当被试的推理程序难以找到成系列的推理来解决一个问题时，也就是说，该问题对于这位被试而言太难了。

3）加工错误由以下几方面构成：注意的丧失、运用图式过程中的执行错误、在工作记忆中难以保持信息的痕迹等问题。

三、Braine 的心理逻辑理论的主要实验证据

Braine 提出心理逻辑理论后，曾设计了不少实验研究来对其理论进行验证。其中较著名的实验是他与 Reiser 和 Rumain 等学者合作于 1984 年发表的论文《自然命题逻辑理论的一些经验证明》（"Some empirical justification for a theory of natural propositional logic"）。该文在 1998 年被收入《心理逻辑》一书中作为第 7 章的内容，但标题改为"心理逻辑理论的证据：命题逻辑推理问题的难度预测"（"Evidence for the theory：Predicting the difficulty of propositional logic inference problems"）。下面我们对这一实验研究做一简要介绍。

1. 实验目的

Braine 与 O'Brien（1998）指出，该实验研究的主要目的是通过被试对命题推理的有效推理结果所获取的实证数据来评估如表 3-3 所示各种类型的图式，并由此获取系统资料来评估心理逻辑理论所说的那组图式是否能对人们在命题推理中所进行的各种有效推理进行界定。

在这之前，Braine 与 O'Brien（1998）曾用由含有一个或多个前提的结论所构成的推理问题让被试评估给定前提的结论的真假。这种方法学的核心部分是由检验这样的预测所构成的，即大部分推理问题都可以通过这种库存的图式来预测某个问题对于被试的难度，而这种库存的图式是指某种有关被试的推理程序是怎样选择所使用的图式及某种操作性假设来解决问题的。

Braine 与 O'Brien（1998）对直接推理和间接推理做了区分。他们把直接推理定义为：推理者从给定前提开始，从前提中做出推断，然后把给定前提与推断出的命题加在一起后成功地做出进一步的推断，直至得出结论，或者推出该推理的不相

容命题为止。他们假设，当在前提、推断命题和结论中发现不相容命题时，被试会做出该推理为"虚假的"反应，因此，所有"虚假的"反应都与图式 10 或者图式 11 有关。

Braine 与 O'Brien（1998）在研究中所使用的大部分问题属于直接推理问题，这些问题在复杂性上属于低到适中的复杂性。在这些问题中，研究者期望所有被试都可能在很大程度上使用相同的程序来进行推理并找到最简单的推理程序，并且期望所有的错误都是加工类型的错误。

Braine 与 O'Brien（1998）在研究中所使用的另一类问题是非直接推理问题。使用这种问题的目的是想发现被试是否都能找到问题的解，以及发现这些问题是否会引起启发不充分错误。

有许多证据表明，间接推理是后来才出现的，并且比直接推理要更为复杂。

对于当前工作具有关键意义的关于被试推理程序的唯一假设就是：被试会使用前面所述的各种图式来解决我们所界定的直接推理问题。

Braine 等在 1984 年的研究中设计了三个实验，并使用了三种测量指标来检测各种图式的难度：实验一主要测量被试解决问题所需的潜在时间，因此，第一种测量指标是反应时。实验二属于等级研究 1。让一组（未参加实验一的）新的被试在做完试题后对每个问题评定其难度等级。实验一和实验二基本上用相同的一组试题。在对实验一与实验二所使用的问题进行分析后，由于交叉效度的需要，他们设计了实验三，即等级研究 2。在这一研究中，让未参加前两个实验的新的被试对其中很多是与前两个实验中所用试题不同的一组新的试题进行难度等级评估。

实验二和实验三使用第二种测量指标，即难度等级指标。实验中，通过让被试在 9 点量表上评估每个问题的难易程度，从而获得各种图式的难度等级。此外，Braine 等（1984）在研究中还使用了第三种测量指标，即被试在解决问题过程中的错误率来评估图式的难度。

在对这些问题的研究中，对图式的取样方法使得等级研究 2 成为评估图式的难度加权最合适的研究。因此，我们简要介绍实验三（即等级研究 2）的实验设计与研究结果。

2. 研究方法

三个实验中所使用的实验材料可分为以下五种类型，其中前四种类型构成了所用实验材料的主体部分。

类型1：一步问题。这是指那些可以通过一个图式并且只需一步操作就可以从前提中获得结论的问题，如例3-12所示。

例3-12

有一个G

有一个S

问：有G和S吗？

类型2：一步加否定问题。这是指那些可以通过一个图式并且只需一步操作就可以从前提中获得其否定结论的问题，如例3-13和例3-14所示。

例3-13

有G，并且没有L

问：有L吗？

例3-14

如果或者有E和K，或者有O和V，那么就有Y

或者有E和K，或者有O和V

问：没有Y吗？

类型3：多步问题。这是指通过直接推理可获得常见的或仅有的结论的那些问题。多步问题的使用涉及两步或更多步的系列推断。对于其期望反应是"虚假的"那些问题，也涉及在前提和结论之间发现一种不相容的问题，如例3-15所示。

例3-15

如果或者有K或者有O，那么就有N

没有K是虚假的

问：没有N吗？

类型4：控制问题。它包括"控制-真"和"控制-假"两种问题。在反应时研究中，"控制-真"问题为我们提供了在不涉及推理时发现前提与结论之间的匹配究竟需要多长时间的有关信息。在等级研究中，这些问题位于难度等级量表的最低难度一端。

在答案为"真"的控制问题中，其前提和结论是一样的，只需要将两者匹配就行了，如例3-16所示。

例3-16

有一个W

问：有W吗？

在答案为"假"的控制问题中，其结论或者直接是前提的否定，或者相反，在形式上，"控制-假"问题是涉及不相容图式 1 的一步直接推理问题，如例 3-17 所示。

例 3-17

非M

————————————

问：非M吗？

类型 5：指上述四类问题以外的其他问题。

3. 实验三（即等级研究 2）中使用的实验材料

实验三（即等级研究 2）中使用的实验材料包括两大类共 85 个问题：65 个直接推理问题和 20 个其他问题。

直接推理问题又可以分为三种不同的类型：①12 个涉及正规的图式的一步问题；②14 个涉及一步加否定问题（其中有 8 个是肯定前件问题，这些问题具有相同的形式，但在长度上为 19—33 个词。这些问题主要用于探求问题长度与难度等级的关系，同时保持推理过程恒常不变）；③39 个涉及二步到四步的多步直接推理问题。

在上述 65 个直接推理问题中，Braine 等努力使假设的推理各步的每一步都有足够的表征。因此，每一种图式至少出现 8 次（第 13 种图式除外，这种图式在直接推理中不会出现）。

此外，等级研究 2 还包括 11 个控制问题和 9 个其他问题。在 9 个其他问题中，有 8 个涉及非直接推理问题（以后会全部标出来），另一个是对潜在的图式 "P，所以 P 或 Q" 进行验证。除了这一问题之外，其他 84 个问题中，有 42 个问题的期望答案是 "真"，另外 42 个问题的期望答案是 "假"。

这 85 个问题中，有 49 个问题与反应时研究和等级研究 1 中的问题相同。这 49 个问题中的 36 个是直接推理问题，9 个是控制问题，4 个是非直接推理问题。

在对这些问题进行排序时，先把全部问题分为两组。每组都包括上述 11 个控制问题。其他四类问题则随机安排在上述两组的任意一组中，尽可能使每一组内的真假问题数量相等，然后再对每一组问题进行随机排列。在每组问题中，真或假的问题的连续排列不超过三次。

经过这种两次排序的方法，就可以将上述问题生成不同次序的两组问题。我们把这两组问题的次序倒过来，又生成了另外两组（共四组）不同次序的问题。

Braine 等（1984）的实验还设计了 16 个练习题。这些练习题中，答案为 "真" 和 "假" 的控制问题各一个，一步问题和两步问题各几个。这些问题都没有出现在正式测试的问题中，而只是在实验前出现，目的是让被试熟悉实验的材料和程序。因此，伴有练习问题的实验可以允许被试在解答主要的问题之前就在他们心中形成一个粗略的难度等级，把这些练习题放在四组实验材料之前打印成册。

4. 被试

有 28 位大学生被试参加了实验，但有效被试只有 24 位，那些列出的等级不符合指导语（如把大部分问题的难度都标在最低等级"1"上，对问题难度未提供任何信息），或者有比较高的错误率的被试的评估结果被排除在外。

5. 实验程序

告诉被试他们正在参加一个有关推理的实验。在实验中，要求他们回答由小册子提供的每一个问题并判定这些问题的难度，对问题的解释与在反应时研究中的解释相同。告诉被试阅读每一个问题，在假定横线上面的句子是真的情况下，评定横线下面所列出的结论。除了"真"和"假"两种反应外，被试还可以做出"不确定"的反应（虽然不提倡被试做出这种反应）。

在判定完每个问题后，要求被试在 9 点量表上标出该问题与其他问题相比较的难度，其中，"1"为最容易，"9"为最难。告诉被试在评估得出一个正确答案的难度有多大时，不要过分地受句子长度或问题本身的影响。指导语要求被试尝试用量表中的所有 9 个数字来评估，不要经常用同一个等级值来评估。

6. 直接推理问题：等级研究 2 的研究结果

表 3-3 右边两列呈现了这一实验中推理者对各种图式进行难度等级评定的主要研究结果。Braine 等（1984）对实验结果所做的分析比较复杂，根据他们报告的等级研究 2 的原始数据，笔者把这一实验中三种不同推理内容的结果整理了出来，如表 3-4 和表 3-5 所示。

表 3-4　三种不同推理内容的难度等级汇总表

推理内容	问题个数/个	min	max	M	SD
一步问题	12	1.42	3.10	2.41	0.56
一步加否定问题	8	2.04	3.46	2.82	0.51
多步直接推理问题	39	2.38	6.00	3.95	1.00

表 3-5　三种不同推理内容的难度等级的方差分析表

变异源	平方和	df	均方	F	p
组间变异	25.674	2	12.837	16.614	0.000

续表

变异源	平方和	df	均方	F	p
组内变异	43.271	56	0.773		
总和	68.945	58			

上述结果表明，被试对三种不同内容的推理问题所标定的难度等级总体上是有差别的。第一类 12 个一步问题的难度等级在 1.42—3.10，平均等级为 2.41；第二类 8 个一步加否定问题的难度等级在 2.04—3.46，平均等级为 2.82，两者的差异虽然未达到显著水平，但还是很明显的；第三类 39 个多步直接推理问题的难度等级在 2.38—6.00，平均等级为 3.95，它与前两类之间的差异均达到显著水平。

这些结果表明，每一种图式都与难度加权相联系。这种难度加权是指在推理中采纳和应用某种推理步骤的难度（通过等级量表的客观单位表示）。同时，问题的长度（在此以前提和结论中的总词数来测定）也会对推理加工的难度产生独立、客观的影响（即更多词汇、更长的句子在理解上会要求被试付出更多的努力）。最简单的假设是，问题的长度是词汇量的线性函数。

四、对 Braine 的心理逻辑理论的简要评价

推理心理学自诞生之初在理论上就存在着"人类推理过程是否遵循逻辑规则"的争论：Woodworth 和 Sells（1935）提出的气氛效应理论认为人类推理过程是不遵循逻辑规则的；而两位 Chapman（1959）提出的换位理论则认为人类推理过程是遵循逻辑规则的。显然，心理逻辑理论延续了两位 Chapman（1959）的理论观点。

从实验方面来看，正如提出者 Braine 等（1984）所指出的那样：心理逻辑理论最重要的优点在于能用相对较少的推理规则来解释许多实验发现。

Eysenck 和 Keane（2005）主编的《认知心理学》（第 5 版）一书将心理逻辑理论称为"抽象规则理论"。该书也指出这一理论存在以下一些缺陷：①理论提出者并没有对这个理论的理解成分给出明确的定义，因此，我们并不总是能清楚地知道应该做出什么样的理论预测；②抽象规则理论只被应用到有限的一些问题中，如 O'Brien（1995）认为该理论不适合解释 Wason 四卡问题；③抽象规则理论并没有对情境效应做出充分解释；④抽象规则理论不重视个体差异；⑤最重要的是，很少有令人信服的证据表明当把演绎推理问题呈现给被试时，被试实际上是在使用心

理逻辑来解决有关问题的。

第三节　Rips的证明心理学理论

一、Rips 的证明心理学理论的提出

美国芝加哥大学的学者 Rips 于 1983 年在美国著名心理学学术期刊《心理学评论》上发表了《命题推理的认知加工》（"Cognitive processes in propositional reasoning"）一文，该文提出了一个自然演绎系统（a natural deduction system，ANDS）模型。Rips 认为，命题推理是以诸如"和"（and）、"如果"（if）、"或"（or）以及"非"（not）等句子联结词为基础的抽取结论的能力。命题推理的心理学理论需要对以这一能力为基础的心理操作做出解释。而自然演绎系统模型就是这样一种心理学理论，它就演绎中的记忆和控制做出了明确的假设。自然演绎系统模型使用自然演绎规则，在有分级结构的工作记忆中处理命题，并且应用"向前方向"（指从前提到结论）或者"向后方向"（指从结论到前提）完成推理加工任务。这些规则也允许个体在演绎加工过程中导入推测。这一理论为推理中记忆的作用提供了解释，也可以扩展为因果联结的一种理论。

1994 年，Rips 出版了专著《证明心理学：人类思维中的演绎推理》（*The Psychology of Proof: Deductive Reasoning in Human Thinking*）。该书中，他将其在 1983 年提出的自然演绎系统模型更名为"证明心理学"（the psychology of proof，PSYCOP）。通常认为，证明心理学也属于心理逻辑理论的一种形式。

该书分为三个部分，共 11 章，具体如下。

第一部分"预备知识"，所含的三章内容主要论述心理学、逻辑学和人工智能等领域与演绎推理有关的预备知识，Rips 认为，其中介绍的逻辑学中有关自然演绎系统的知识是建构证明心理学理论的基础。

第二部分"有关演绎推理的一种心理学理论"，所含的四章内容重点论述了 Rips 所主张的心理逻辑理论的主要观点和实验证据。Rips 指出，他所主张的这一

理论主要是想用于解释没有学过逻辑学的普通人是怎样进行演绎推理的心理加工活动的。该书第四章"心理证明和它们的形式属性"主要论述了以自然演绎逻辑为基础发展出来的句子推理理论，Rips 把这一理论称为"证明心理学"；第五章"心理证明和它们的实证结果"则主要介绍 Rips 于 1983 年做的几个实验研究，他认为这些实验结果支持了自己提出的证明心理学理论。

第三部分"意义和其他相关问题"，所含的四章内容主要论述了该理论的意义和延伸应用。

2008 年，Rips 将《证明心理学：人类思维中的演绎推理》一书中第二章、第四章和第五章的内容重新进行了整理，形成了文章《人类演绎推理的逻辑方法》（"Logical approaches to human deductive reasoning"），该文被收录在 Adler 和 Rips 共同主编的《推理：人类推断及其基础研究》一书中（Adler & Rips，2008）。

下面我们将根据上述 Rips（1994）的专著及其 2008 年的文章来了解这一理论的基本观点。

二、Rips 的证明心理学理论的主要观点

Rips（2008）指出，他提出的证明心理学是想要解释人们进行自然推理时的心理加工过程。这一理论的核心概念是"心理证明"。"证明"（proof）这一术语在这一理论中主要用于表示一组公理、前提以及在给定步骤中从这些公理和前提中派生出的其他句子。这一理论的核心观点是：我们可以通过将逻辑学中的形式自然演绎系统所假定的概念与人工智能中有关问题解决模型中的子目标概念相匹配，来使人类演绎推理过程得到满意的解释。

证明心理学系统主要包含三方面的内容（又称三个假设）：①推理与人类记忆相互关系的论述；②经过修正的推理规则；③关于如何控制推理过程的论述。

证明心理学认为，推理系统是由一组推理规则所组成的，这组推理规则在推理系统的工作记忆中建构心理证明。假如我们在这个系统中呈现一个需要评估的论据，那么这个系统将使用那些试图从前提中建构结论的内部证明的推理规则；假如我们在这个系统中呈现一组前提并且要从这些前提中推出结论，那么这个系统将使用那些能对可能的结论形成证明的推理规则。

证明心理学所含的记忆假设（assumptions about memory）指出，系统通过在工作记忆中最初储存的输入前提（以及结论）提供证明。当推理者面对需要解决的被称为演绎推理的问题时，其会试图通过在工作记忆中激活一组与前提或与该问题给定结论相联系的句子来解决这一问题。

证明心理学所含的推理规则假设（assumptions about inference rules）指出，推理者会通过如表 3-6 所示的系统的推理规则审视这些记忆中的内容，以决定是否存在任何可行的推理。假如存在，那么这个系统就将这些新推断出的句子加入记忆中去，然后再审视这个更新后的结构，并进行进一步的推断，以此类推，直到获得完整的证明或者没有更多的推理规则可被应用。

表 3-6　证明心理学推理程序"向前规则"样例表

序号	规则名称	表达形式
1	向前蕴涵消去（MP）	如果P那么Q P ———— Q
2	向前合取的否定	非（P和Q） ———— （非P）或者（非Q）
3	向前析取选言三段论	P或者Q 非Q ———— P
4	向前析取和蕴涵（MP）	如果P或者Q 那么R P ———— R
5	向前合取消去	P和Q ———— P

资料来源：Rips，L. J.（2008）. Logical approaches to human deductive reasoning. In J. E. Adler，& L. J. Rips（Eds.），*Reasoning：Studies of Human Inference and its Foundations*（pp. 187-205）. Cambridge：Cambridge University Press

具体而言，推理者会在推理过程中将诸如表 3-6 中所示的各个自然逻辑规则转换为计算程序，最明显的方式就是能让它们形成一种论证程序，该程序能根据输入的各论断产生出进一步的论断。

证明心理学认为，在推理者的记忆网络中的每一个节点上都镶嵌着类似于表 3-6 所示的其中一个推理规则，对于个体而言，这些规则会让其在直觉上认为它们是正确的，并且为个体的扫描提供一定的指导作用。

　　总之，记忆网络为各前提与结论之间提供了一个联系的桥梁，由此可以解释产生该结论的原因。

　　因此，这种推理过程的大部分操作都是在这个基本系统中实施的，包括决定什么时候推断是可能的、在工作记忆中增加命题，以及保持这一程序最终朝向某个结论等。

　　证明心理学所含的控制假设（assumptions about control）是指推理者在评估论据的时候所使用的策略是"由外到内"，表 3-6 所示的"向前规则"（forward rules）的作用是从几个前提中抽取其蕴涵的结论，通过这种操作建立一个大致的框架，从而创建一个包含新论断的网络。

　　证明心理学所说的"向后规则"（backward rules）则是用来创建以结论为基础的各子目标，推理者实施一个给定的向后推理链，直到子目标得以满足为止，或者直到没有更多向后规则可被应用为止。所谓"实施一个给定的向后推理链，直到子目标得以满足为止"，是指这一论证是完备的，因为它为前提和结论之间提供了逻辑联结的途径。所谓"实施一个给定的向后推理链，直到没有更多向后规则可被应用为止"，是指证明心理学必须追溯到早先的选择点，在该选择点中，某个可选择的子目标代表着它自己，并且比其他可选择的子目标更为满意。如果所有的子目标都不能满足这一要求，则终止这一证明。

　　证明心理学认为，在期待产生结论而不是评估结论的证明心理学情境中，只能使用向前规则来完成推理任务，以表 3-6 中的"向前蕴涵消去（MP）规则"为例，Rips（2008）指出，在这个范式中，MP 将成为一个程序，该程序能从第一前提为"如果 P 那么 Q"和第二前提为"P"的信息中寻找到新的论断，即将"Q"加入证明结论中。Rips 把这种"从论断到新论断"的推理程序称为"向前规则"。表 3-6 所示的 5 条规则全是向前规则，由此可知，向前推理规则是证明心理学的核心规则。这种情境中之所以不使用向后规则，是因为没有结论目标来启动向后规则的应用。

　　下面我们对 Rips 描述的这 5 条向前推理规则的心理加工过程进行简要介绍。

1. 向前蕴涵消去规则（MP）

　　表 3-6 中的向前蕴涵消去规则（MP）在表 3-2 所示的自然推理系统中的名称是蕴涵消去规则，其含义是由公式 A 和 A → B 可以得到结论 B。Rips 的证明心理学理论将这一规则的逻辑含义解释为：假设句子的形式是"如果 P 那么 Q"，并且

P 包含在某一给定领域，那么，可以将句子 Q 加入该领域中。

证明心理学认为，当人们使用向前蕴涵消去规则来解决假言推理的 MP 任务时，其推理过程包含以下几个步骤：①假设形式为"如果 P 那么 Q"的句子包含在某个领域 D 中；②并且 P 包含在 D 中；③Q 没有包含在 D 中；④那么，将 Q 加入 D 中。

2. 向前合取的否定规则

向前合取的否定规则包含表 3-2 所示的自然推理系统中的合取消去规则和否定消去规则。

证明心理学认为，当人们使用向前合取的否定规则来解决与"非（P 和 Q）"相应的推理任务时，其推理过程包含以下几个步骤：①假如形式为"非（P 和 Q）"的句子包含在某个领域 D 中；②并且（非 P）或者（非 Q）没有包含在 D 中；③那么就将（非 P）或者（非 Q）加入 D 中。

3. 向前析取选言三段论规则

向前析取选言三段论规则在表 3-2 所示的自然推理系统中的名称是析取消去规则，其含义是"如果 $A \lor B$，并且从 A 和 B 各自都能推演出 C，那么我们就能得到结论 C"。Rips 的证明心理学理论将这一规则的逻辑含义解释为：假设句子"P 或者 Q"蕴涵在某一给定领域 D 中，并且句子 R 包含在 D 领域下面命题为 P 的次级领域中，并且句子 R 包含在 D 领域下面命题为 Q 的次级领域中，那么就将句子 R 加入领域 D 中。

证明心理学认为，当人们使用向前析取选言三段论规则来完成与不相容的"P 或者 Q"相应的推理任务时，其推理过程包含以下几个步骤，且可以获得步骤③和步骤⑤所示的两种推理结果：①假如形式为"P 或者 Q"的句子包含在某个领域 D 中；②如果非 P 包含在 D 中并且 Q 没有包含在 D 中；③那么就将 Q 加入 D 中；④此外，如果非 Q 包含在 D 中并且 P 没有包含在 D 中；⑤那么就将 P 加入 D 中。

4. 向前析取和蕴涵（MP）规则

向前析取和蕴涵（MP）这一规则包含表 3-2 所示的自然推理系统中的析取消去规则和蕴涵消去规则。

证明心理学认为，当人们使用向前析取和蕴涵（MP）规则来解决与"如果 P 或者 Q 那么 R"相应的推理任务时，其推理过程包含以下几个步骤：①假如形式为"如果 P 或者 Q 那么 R"的句子包含在某个领域 D 中；②并且 P 或者 Q 也包含在 D 中；③并且 R 没有包含在 D 中；④那么就将 R 加入 D 中。

5. 向前合取消去规则

向前合取消去规则在表 3-2 所示的自然推理系统中的名称是合取消去规则，其含义是"以 A∧B 为前提，我们能够推出 A 或者 B"。Rips 的证明心理学理论将这一规则的逻辑含义解释为：如果句子 P 和 Q 包含在某一给定领域，那么，句子 P 和 Q 都可以加入该领域中。

证明心理学认为，当人们使用向前合取消去规则来解决与 P 和 Q 相应的推理任务时，其推理过程包含以下几个步骤，且可以获得步骤③和步骤⑤所示的两种推理结果：①假如形式为 P 和 Q 的句子包含在某个领域 D 中；②那么，如果 P 没有包含在 D 中；③就将 P 加入 D 中；④并且，如果 Q 没有包含在 D 中；⑤就将 Q 加入 D 中。

证明心理学认为，假如我们呈现这一系统中的一组前提并对这组前提有所限定，那么这一系统将使用表 3-6 所示的那些规则引发对可能结论的证明。

证明心理学认为，通过将输入的多个前提（以及可能存在的结论）存储在工作记忆中来使某个证明得以实现，表 3-6 所示的那些规则会对记忆中的内容进行扫描，以决定是否存在可行的推论。假如是这样的话，该模型就将新的演绎句子添加到记忆中，并对相应的结构进行扫描，以进行进一步的演绎，如此类推，直至发现一个认证或没有更多的规则可被应用。因此，这一系统内部执行着大量的推理程序，这些程序决定着演绎过程的走向，不断将新的命题添加到工作记忆中，且持续这种推理程序直至寻找到所需的结论。

下面以例 3-18 为例来说明这一系统是如何操作的。该例可通过表 3-6 所列的各种规则来对一个简单的论断进行评估。

例 3-18

如果Betty在小石城，那么Ellen在哈蒙德

Phoebe在图森和Sandra在孟菲斯
_____

如果Betty在小石城，那么（Ellen在哈蒙德和Sandra在孟菲斯）

图 3-1 是证明心理学有关例 3-18 在工作记忆中的表征发展结构示意图，其中实线是演绎连线，虚线是从属连线，通过图中虚线箭头模式的意义表征子目标。

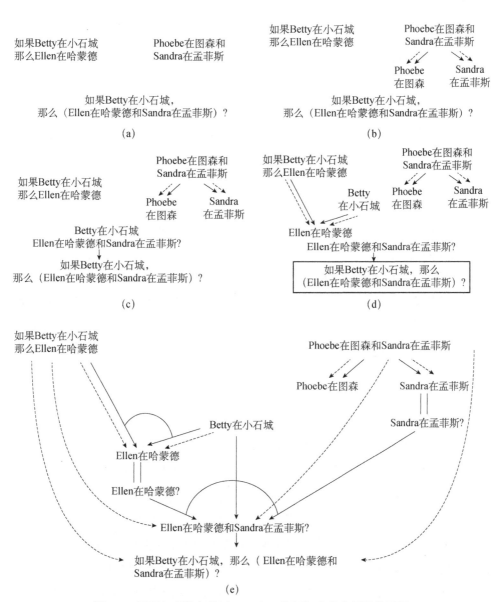

图 3-1　证明心理学有关例 3-18 在工作记忆中的表征的发展图

正如图 3-1（a）所示，在开始解决这一问题时，工作记忆中只是包含这三个句子。以疑问句形式来呈现其结论，表明它在此是一个目标，同时表明要对两个前提一起做出决断。证明心理学认为，推理者在开始解决这一问题时，由于第二前提是一个联合句（conjunction），个体会使用"向前'和'（and）"规则来加以排除。如图 3-1（b）所示，推理者会将应用这一规则所创建的两个句子，即"Phoebe 在图森"和"Sandra 在孟菲斯"存储在工作记忆中（图中实线箭头和虚线箭头表明这两个句子是怎样被演绎的）。

　　虽然在论证这一阶段没有其他向前规则可用，但有可能开始向后方向的某项操作。由于论断的结论（和目标）是有条件的，在这里导入"向后的'如果'（if）"是合适的。我们应该尝试通过设立一个推断为"Betty 在小石城"（即该条件结论的前件）的新子域，并在这个子域中证明"Ellen 在哈蒙德和 Sandra 在孟菲斯"来推导出结论。图 3-1（c）揭示了在发展的记忆结构（通过虚线箭头表征子域集）中这一新子域的推断及其结果子目标。

　　由于我们同时假定"Betty 在小石城"和"如果 Betty 在小石城，那么 Ellen 在哈蒙德"，向前排除（如 MP）规则就会自动推演出"Ellen 在哈蒙德"[图 3-1（d）]。不管怎样，我们仍需证明"Ellen 在哈蒙德和 Sandra 在孟菲斯"这一子目标。与此相关的规则当然是"向后'和'导入"，这使我们能够设置与这一并列句的两个子句相对应的子目标。其中论证第一个子句"Ellen 在哈蒙德"的子目标是很容易完成的，因为它与我们刚刚导入的论断是匹配的（图中使用两条箭头来表征论断与子目标之间的匹配）。通过先前的论断同样可以论证达成第二个子句的子目标。通过达成这两个子目标来达成对并列句的论证，进而达成对这一问题的主要目标的论证。因此，图 3-1（e）是例 3-18 的完备论证。

　　证明心理学认为，相对于评估性推论而言，推理者对例 3-18 的推论是更为直接的，原因之一在于，利用表 3-6 所列规则进行推论时所需的规则数量较少。因此，在对其进行推论的过程中任一阶段需要应用哪个规则是清晰的。事实上，正如前面所提到的那样，表 3-6 中的规则是很有限的，但却可以为人们提供如何寻找正确的推论结果的方法。不过，我们可以增加更多的规则来完善某个论证，这样可以使这一模型在子目标难以论证时更易于操作。有了一组更丰富的推理程序，可以让推理者在面对一个选择时首先尝试一下向后规则，以避免论证过程中的无用消耗。由于上述原因，证明心理学通过保留某种启发式的方式使论证过程向着最具期望的方向前进。

三、Rips 的证明心理学理论的主要实验

　　证明心理学是由 Rips 于 20 世纪 80 年代初提出的自然演绎系统模型扩展形成

的，因此，以自然演绎系统模型为研究对象的几个实验研究结果也可以用来作为对证明心理学的检验。Rips 于 1983 年报告的实验中所使用的三种不同类型的实验材料为 104 个测试问题，其中包括 32 个有效问题，指通过前提可以演绎出正确结论的问题；32 个无效问题，指与有效问题对应但是根据前提不可演绎出相应结论的问题；40 个过滤性问题，其中大部分都是单独的演绎问题（Rips，1983）。

Rips 认为，这些问题在古典的句子逻辑中都是可演绎的，并且通过类似于证明心理学所述的规则意义也都是可演绎的。这些问题的关键规则包括"如果（if）消去"、德摩根（DeMorgan）[否定加和（not over and）]、选言三段论、选言推理的 MP、"和（and）消去"、"和（and）导入"、"或（or）导入"、"否定（not）导入"、"或（or）消去"。

Rips 认为，虽然本实验并未对证明心理学所含的所有范围的推理技能进行检验，但它已经检验了这一理论最重要的子集。

36 位被试参与了该实验，他们都没有学过有关逻辑学的课程。其中一半被试面对认证的实验材料使用的是"人们在哪个城市的命题"，如"如果 Judy 在奥尔巴尼或者 Barbara 在底特律，那么 Janice 在洛杉矶；如果 Judy 在奥尔巴尼或者 Janice 在洛杉矶，那么 Janice 在洛杉矶"。另外一半被试虽然面对的同样是认证问题，但使用的却是"描述机器构件的活动的命题"，如"如果驱动引擎或者让活塞膨胀，那么车轮就会转动；如果驱动引擎或者车轮转动，那么车轮就会转动"。

两组被试所面对的问题中，各子命题（如"Judy 在奥尔巴尼"或"驱动引擎"）被随机安排在各认证中，各问题之间的子命题都不重复出现。每一位被试面对的认证次序随机排列，在每一个问题下面都会有"当然是真"或"当然不是真"选项，要求被试做出的反应是：如果觉得无论前提是否为真但结论是真，就对前一选项画圈；反之，对后一选项画圈。哪怕是猜测，被试也必须对每一个问题做出反应。实验要求被试对每一个问题单独作答，即对任何一个问题做出回答时不要参考其他问题的回答结果。对被试以不同规模进行分组后，以群体测试方式进行实验，允许被试以适合自己的速度完成测试，通常完成全部 104 个题目的时间不超过一个小时。表 3-7 列出了这个实验中有效问题的研究结果。

表 3-7 推理者对演绎命题的可能真值的实测结果和预测结果的百分比 单位：%

序号	命题	实测百分比	预测百分比
1	$$\frac{(p \lor q)\,\&\,-q}{q \lor r}$$	33.3	33.3
2	$$\frac{\begin{array}{c}s\\ p \lor q\end{array}}{-p \to (q\,\&\,s)}$$	66.7	70.2
3	$$\frac{\begin{array}{c}p \to -(q\,\&\,r)\\ (-q \lor -r) \to -p\end{array}}{-p}$$	16.7	32.4
4	$$\frac{\begin{array}{c}--p\\ -(p\,\&\,r)\end{array}}{-q \lor r}$$	22.2	30.6
5	$$\frac{(p \lor r) \to q}{(p \lor q) \to q}$$	83.3	79.9
6	$$\frac{-p\,\&\,q}{q\,\&\,-(p\,\&\,r)}$$	41.7	40.5
7	$$\frac{\begin{array}{c}(p \lor q) \to -r\\ r \lor s\end{array}}{p \to s}$$	61.1	70.2
8	$$\frac{(p \to q)\,\&\,(p\,\&\,r)}{q\,\&\,r}$$	80.6	76.6
9	$$\frac{\begin{array}{c}(p \lor q) \to -s\\ s\end{array}}{-p\,\&\,s}$$	55.6	41.2
10	$$\frac{q}{p \to ((p\,\&\,q) \lor r)}$$	33.3	36.0
11	$$\frac{\begin{array}{c}(p \lor -q) \to -p\\ p \lor -q\end{array}}{-(q\,\&\,r)}$$	22.2	35.6
12	$$\frac{(p \lor q) \to -(r\,\&\,s)}{p \to (-r \lor -s)}$$	75.0	70.4
13	$$\frac{\begin{array}{c}-p\\ q\end{array}}{-(p\,\&\,r)\,\&\,(q \lor s)}$$	22.2	26.4
14	$$\frac{(p \lor r) \to -s}{p \to -(s\,\&\,t)}$$	50.0	38.1

序号	命题	实测百分比（%）	预测百分比（%）
15	$-(p \& q)$ $(-p \vee -q) \to r$ $-(p \& q) \& r$	77.8	75.8
16	$(q \vee r) \& s$ $-q \to r$	69.4	68.5
17	p $(p \vee q) \to -r$ $p \& -(r \& s)$	33.3	40.5
18	$p \to r$ $(p \& q) \to r$	58.3	69.1
19	s $p \to r$ $p \to (r \& s)$	75.0	70.9
20	$p \vee q$ $-p \to (q \vee r)$	33.3	32.2
21	p $(p \vee q) \to r$ $r \to s$ $s \& t$	38.9	33.9
22	$p \& q$ $q \& (p \vee r)$	47.2	37.6
23	$-(p \& q)$ $(-p \vee -q) \to -r$ $-(r \& s)$	23.0	35.5
24	$(p \vee s) \to r$ s $-(r \to -s)$	50.0	36.1
25	$p \to -q$ $p \to -(q \& r)$	36.1	33.9
26	$-(p \& q) \& r$ $(-p \vee -q) \to s$ s	66.7	73.9
27	$(p \vee q) \to (r \& s)$ $p \to r$	91.7	86.9
28	$-r$ $q \vee r$ $r \to --q$	36.1	38.7

续表

序号	命题	实测百分比（%）	预测百分比（%）
29	$-(p\,\&\,q)$ $--q$ $\overline{}$ $-p\,\&-(p\,\&\,q)$	72.2	62.2
30	$(p\vee q)\,\&\,(r\vee s)\to -p$ r $\overline{}$ q	83.3	75.8
31	$p\vee s$ $(p\vee r)\to s$ $\overline{}$ $s\vee t$	26.1	36.0
32	t $-(r\,\&\,s)$ $\overline{}$ $((-r\vee -s)\,\&\,t)\vee u$	36.1	33.8

注："&"代表"和"，"∨"代表"或"，"–"代表"否定"，"→"代表"如果……那么……"

资料来源：Rips，L. J.（1994）. *The Psychology of Proof：Deductive Reasoning in Human Thinking*. Cambridge：MIT Press

从表 3-7 中所列结果大致可以看出，被试的正确评估率大约为 50.6%，正确评估率最低的是对问题 3 的认证，只有 16.7%，最高的是对问题 27 的认证，达到91.7%。虽然从古典逻辑上说，表 3-7 中所列 32 个问题都是有效的，但该实验结果表明，被试求解这 32 个问题的难度是有很大差异的。被试对无效问题的有效反应百分比比对有效问题的有效反应百分比更低，两者之间的差异显著，$F（1，34）=84.26$，$p<0.01$。这表明，从某种程度上可以说，被试对有效认证和无效认证这两种类型的问题是有辨别力的。由于有效认证和无效认证在前提和结论之间的匹配是复杂的，这一研究结果表明研究者不能仅用复杂性来解释被试的决策。

四、Rips 的证明心理学理论的简要评价

从本质上说，Rips 的证明心理学理论是一种与 Braine 等的理论稍有不同的心理逻辑理论，因此，这一理论也是两位 Chapman（1959）有关"人类推理过程是遵循逻辑规则的"这一理论观点的延续。总的来说，这一理论具有与第二节介绍的Braine 等心理逻辑理论同样的优缺点。

第四章

Johnson-Laird 的心理模型理论

第一节　心理模型理论的提出和主要发展阶段

一、心理模型理论的提出

心理模型理论的提出者 Johnson-Laird 出生于 1936 年,在英国著名推理心理学家 Wason 的指导下于 1967 年获得哲学博士学位,而后绝大部分时间任职于美国普林斯顿大学。

Wason 与 Johnson-Laird(1972)合作出版了《推理心理学:结构和内容》一书,从某种意义上说,这是第一本有关推理心理学的教材。该书出版后不久,受到 Craik(1943)《解释的本质》(*The Nature of Explanation*)书中所述观点的启发,Johnson-Laird 开始建构在推理心理学领域影响巨大的心理模型理论(Johnson-Laird,1983,2004a)。1975 年,他发表了《演绎推理模型》("Models of deduction")一文,该文提出了心理模型理论的雏形,认为这是一种"人类个体是如何在推理前提为真的情况下形成情境表象(即建构它们的心理模型)进行推理的理论"。1980 年,他发表了文章《认知科学中的心理模型》("Mental models in cognitive science"),1983 年出版了专著《心理模型:关于语言、推理和意识的认知科学》(*Mental Models:Towards a Cognitive Science of Language,Inference and Consciousness*),至此完成了有关心理模型理论的较为系统的论述。此后,Johnson-Laird 一直致力于不断完善这一理论模型和力图提供实验研究证据的支持。

就心理模型理论内涵的发展方面,Johnson-Laird 独立发表的重要学术论文主要包括《命题推理：一种推导简约结论的算法》（"Propositional reasoning：An algorithm for deriving parsimonious conclusions"）（Johnson-Laird，1990）、《演绎推理》（"Deductive reasoning"）（Johnson-Laird，1999）、《心理模型和演绎》（"Mental models and deduction"）（Johnson-Laird，2001）、《心理模型和思维》（"Mental models and thought"）（Johnson-Laird，2005）、《心理模型和演绎推理》（"Mental models and deductive reasoning"）（Johnson-Laird，2008）、《心理模型和人类推理》（"Mental models and human reasoning"）（Johnson-Laird，2010）、《心理模型中的推理》（"Inference in mental models"）（Johnson-Laird，2012）、《心理模型与认知变迁》（"Mental models and cognitive change"）（Johnson-Laird，2013），此外还包括其另外一篇未发表的学术论文。他与其他学者共同署名发表的重要学术论文主要包括《通过模型进行推理：多重量化的情况》（"Reasoning by model：The case of multiple quantification"）（Johnson-Laird et al.，1989）、《通过模型进行命题推理》（"Propositional reasoning by model"）（Johnson-Laird et al.，1992）。

1991 年，Johnson-Laird 与 Byrne 合作出版了《演绎》（*Deduction*）一书，两年后，他又单独出版了《人类和机器思维》（*Human and Machine Thinking*）一书，2006 年，他又出版了《我们如何推理》（*How We Reason*）一书，这些专著对这一理论不同阶段的研究成果做了总结。

二、心理模型理论的主要发展阶段

Johnson-Laird 提出的心理模型理论所包含的内容非常丰富，笔者认为，总的来说，大致可从以下三大方面来把握这一理论的基本观点：①一组原理；②心理模型的含义；③对人们推理行为的心理加工过程的描述。

从心理模型理论的内涵发展方面，Johnson-Laird（2005，2012）曾多次指出，他提出的心理模型理论是以一组原理为基础的，但在不同时期，这组原理的内涵是有差别的，因此，根据该理论所依据的"一组原理"的发展过程，可以把该理论的发展过程大致划分为以下三个阶段：第一阶段是以 1983 年出版的《心理模型：关于语言、推理和意识的认知科学》一书为标志的"一组原理含八条原理"阶段；第二阶段是以 2005 年发表的《心理模型和思维》一文为标志的"一组原理含四条原理"阶段；第三阶段是以

2012 年发表的《心理模型中的推理》一文为标志的"一组原理含三条原理"阶段。

从这一理论对推理不同领域的解释范围方面来看，它也有一个逐渐扩展的过程。Johnson-Laird 在创立心理模型理论时主要是用来解释范畴三段论推理实验范式的研究成果，其与 Steedman 合作于 1978 发表的《三段论推理心理学》（"The psychology of syllogisms"）一文可被视为他们在这一领域最为经典的实验报告。

从 1980 年开始，Johnson-Laird 将他修改后的心理模型理论推广应用于解释线性三段论推理和空间推理心理学实验范式的实验研究结果，这一领域的研究成果包含以下几个：①Johnson-Laird 于 1980 年发表的《认知科学中的心理模型》一文。②Johnson-Laird 与 Bara 合作于 1984 年发表的《三段论推理》（"Syllogistic inference"）一文（该研究中使用了由诸如"Anna 比 Bertha 更高"或"A 与 B 有关系"这样的关系命题构成的实验材料）。③Johnson-Laird 与 Byrne 合作于 1989 年发表的《空间推理》（"Spatial reasoning"）一文（Byrne & Johnson-Laird，1989）。

大约从 1986 年开始，Johnson-Laird 将心理模型理论又扩展到命题推理心理学实验的研究领域（Johnson-Laird，1986），代表性经典实验研究是他于 1990 年撰写的《命题推理：一种推导简约结论的算法》，以及与 Byrne 及 Tabossi 合作于 1989 年共同署名发表的《通过模型进行推理：多重量化的情况》（Johnson-Laird et al.，1989）等学术论文。

大约从 1999 年开始，Johnson-Laird 与其他学者合作，将心理模型理论扩展到概率推理心理学实验范式的研究领域，代表性经典实验研究是《朴素概率：事实推理的心理模型理论》（"Naive probability：A mental model theory of extensional reasoning"）（Johnson-Laird et al.，1999）。

第二节 心理模型理论的主要内容

一、作为心理模型理论基础的一组原理

1983 年，Johnson-Laird 在《心理模型：关于语言、推理和意识的认知科学》一书中列出了构成心理模型理论基础的八条原理，分别如下。

原理 1：可计算性原理（the principle of computability），是指心理模型，以及建构和解释心理模型的机制是具有可计算性质的。

原理 2：有限性原理（the principle of finitism），是指一个心理模型的适用范围是有限的，它不能对无限领域做直接表征。

原理 3：构成原理（the principle of constructivism），是指一个心理模型是从它所要表征一个事物状态的特殊结构所安排的替代物中建构起来的。

Johnson-Laird 在该书中指出，原理 3 所含内涵可以引出以下四个相关问题。

1）问题 1：心理模型如何表征外部世界？

2）问题 2：建构和解释心理模型时包括哪些心理加工过程？

3）问题 3：心理模型镶嵌着什么样的概念？

4）问题 4：心理模型的结构是怎样的？

在上述四个问题中，问题 2 包括原理 4：经济原理（the principle of economy）和由这一原理引发的一个约束。

问题 3 包括原理 5：可断定原理（the predicability principle）、原理 6：固有性原理（the innateness principle）以及与原理 6 相关的一个约束。

问题 4 包括原理 7：结构同一性原理（the principle of structural identity），其内涵为：心理模型具有与它们所要表征的感知或想象的事物状态相同的结构。

此外，还有原理 8：调整形成原理（the principle of set formation），这是一条与心理模型的类型有关的原理。

2005 年，Johnson-Laird 的论文《心理模型和思维》收录于 Holyoak 和 Morrison 合作主编的《剑桥手册：思维和推理》一书中，他将构成心理模型理论基础的一组原理由原来的 8 条缩减为 4 条，分别为：①形象性原理（the principle of iconicity）：一个心理模型具有一种与它所要表征事物已知结构相应的结构。②可能性原理（the principle of possibilities）：每个心理模型表征一种可能性。③真值性原理（the principle of truth）：一个心理模型表征一种其值为真的可能性，它也只表征在前提各子句中某个在这种可能性中其值为真的子句。④策略变化原理（the principle of strategic variation）：不同的推理者在给定的同一问题中发展出不同的解题策略。

2012 年之后，构成心理模型理论基础的一组原理则仅保留了 2005 年 4 条原理中的前三条，根据 Johnson-Laird（2012）发表在由 Holyoak 和 Morrison 合作主编的《牛津手册：思维和推理》一书中所载论文《心理模型中的推理》的论述，这三条原理中第一条"形象性原理"的内涵表述与 1983 年和 2005 年的表述基本上是完全一样的,其他两条原理的内涵表述与 2005 年的表述相比则稍微有些调整,这三条原理的内涵分别被表述为:①形象性原理:一个心理模型具有一种与它所要表征事物已知结构相应的结构。②可能性原理:每个心理模型都表征一种独特的可能性,它包含着可能会以各种不同方式发生的可能性中的那些共同的东西。③真值性原理:所有的心理模型都只是表征那种其值为真的可能性,但不表征那种其值为假的可能性,并且每个心理模型都只是表征在前提各子句中某个在这种可能性中其值为真的子句。

二、心理模型的含义

1. 主要定义

Johnson-Laird 在心理模型理论发展的不同时期对"心理模型"这一概念的定义给出过许多不同的表述,总的来说,早期的理论主要从心理表征的角度来对心理模型这一概念下定义,例如,1983 年在《心理模型:关于语言、推理和意识的认知科学》一书中的定义是:一个心理模型是指能满足某个命题的一组模型中的一个简单表征样例。1991 年,Johnson-Laird 在与 Byrne 合作出版的《演绎》一书中的定义是:心理模型与人们对情境所表征的概念具有共同的结构。后期的理论对"心理模型"这一概念下的定义主要包括以下两种类型。第一种类型的定义是心理模型代表了现实物体、人、事件和过程,以及复杂系统的操作(Johnson-Laird,2005,2012)。第二种类型的定义主要是从前述三条原理的内涵出发来界定的,主要包括以下两种。

1)Johnson-Laird 在 1999 年发表的学术论文《演绎推理》中指出,"每个心理模型都代表一种可能性,并且其结构和内容包含着可能会以不同方式发生的各种可能性中的那些共同的东西"(Johnson-Laird,1999)。

2)Johnson-Laird 在 2006 年出版的《我们如何推理》一书中对"心理模型"这一概念下的定义是:心理模型是对世界的一种表征,这种表征被假定为人类推理的基础。它是某种可能性为真值的表征,并且只要可能就会有一个具有图像性的结构(Johnson-Laird,2006)。2012 年的定义则更为简洁:心理模型是类似图像的,是各种可能性的标记，并且只是对真值的表征（Johnson-Laird，2012）。

需要注意的是：虽然上述最后一种定义与前述形象性、可能性、真值性等三条原理是对应的，但是，该定义的内涵在不同推理任务上的表现又是不一样的，下面我们具体分析。

2. 对范畴三段论推理中四种不同类型的命题所含心理模型内涵的解释

本书第二章曾指出，在逻辑学中，范畴三段论推理是由性质命题所构成的。根据性质命题的联项（即命题的质）和量项的不同结合，通常可以把性质命题划分为四种类型：①全称肯定命题（所有的 X 都是 Y）；②特称肯定命题（有些 X 是 Y）；③特称否定命题（有些 X 不是 Y）；④全称否定命题（所有的 X 都不是 Y）。Johnson-Laird 在 1983 年的论著中指出，人们对范畴三段论推理中的上述四种类型命题的表征形式分别如图 4-1 所示。

(a) 全称肯定命题	(b) 特称肯定命题	(c) 特称否定命题	(d) 全称否定命题
X=Y	X=Y	X	X
X=Y	X=Y	X	X
(Y)	(X)　(Y)	——— (X)=Y	——— Y
(Y)		Y	Y

图 4-1　范畴三段论推理中四种类型命题的表征形式

在图 4-1 的全称肯定命题中，X 和 Y 的数量是任意的，括号中的符号表示可能存在不属于 X 的 Y。

1991 年，Johnson-Laird 在与 Byrne 合作出版的《演绎》一书中，在用字母“A”和“B”分别取代原来表征形式中的字母“X”和“Y”的基础上，把图 4-1 所示的四种类型命题的心理模型的表征形式分别进行了对应修改，如图 4-2 所示。

(a) 全称肯定命题	(b) 特称肯定命题	(c) 特称否定命题	(d) 全称否定命题
		A	[A]
[A]　B	A　B	A	[A]
[A]　B	A　B	A　[B]	[B]
…	…	[B]	[B]
		…	…

图 4-2　范畴三段论推理中四种类型命题的表征形式修订

在上述描述人类内部心理表征的符号中，方括号“[ ]”表示包含了属于括号内的字母符号所代表事物的所有成员，三个小点“…”表示允许存在其他这样的个体。

Johnson-Laird 认为，任何一个前提都只需要一个心理模型。从推理的角度看，范畴三段论推理对应的是从两个性质命题推出一个结论的心理加工过程。Johnson-Laird 认为，总的来说，任何范畴三段论推理都不需要建构多于 3 个的不同模型。表 4-1 列出了能获得一个有效结论的所有 27 组前提中每一组前提所需的心理模型数量，其中，10 个是单模型，17 个是多重模型。

表 4-1　27 组前提所需的心理模型数量表

第二前提	第一前提				第一前提			
	所有的 A 都是 B	有些 A 是 B	所有的 A 都不是 B	有些 A 不是 B	所有的 B 都是 A	有些 B 是 A	所有的 B 都不是 A	有些 B 不是 A
所有的 B 都是 C	1 个模型	1 个模型	3 个模型		3 个模型	1 个模型	3 个模型	2 个模型
有些 B 是 C			3 个模型		1 个模型		3 个模型	
所有的 B 都不是 C	1 个模型	3 个模型			3 个模型	3 个模型		
有些 B 不是 C					2 个模型			
所有的 C 都是 B			1 个模型	2 个模型	1 个模型		1 个模型	
有些 C 是 B		3 个模型			1 个模型		3 个模型	
所有的 C 都不是 B	1 个模型	3 个模型			3 个模型	3 个模型		
有些 C 不是 B	2 个模型							

注：在 Johnson-Laird 于 1983 年出版的专著中，"所有的 B 都是 A，所有的 B 都是 C" 这一前提组合只包含 2 个模型，而在 1991 年与 Byrne 的合著中则认为这一前提组合包含 3 个模型

资料来源：Johnson-Laird, P. N., & Byrne, R. M. J.（1991）. *Deduction*. Hillsdale: Lawrence Erlbaum Associates

笔者在对 Johnson-Laird 有关范畴三段论心理模型的相关论述进行进一步解析的基础上，认为可以把推理者进行某个范畴三段论推理后在心中建构的综合心理模型归属到以下三种反映结论命题中的主项与谓项之间可能有的关系类型中的一种或几种。

第一种可能的关系类型是指推理结论中的主项和谓项两个概念之间属于"同一关系"或者"包含于关系"，如例 4-1 和例 4-2 所示。

例 4-1

所有的 B 都是 A
所有的 C 都是 B
————————
所以，所有的 C 都是 A

例 4-2

所有的 A 都是 B
所有的 B 都是 C
————————
所以，所有的 A 都是 C

例 4-1 在逻辑学中是一个第一格 AAA 式的有效的范畴三段论推理。根据两个前提推出的结论命题中的主项 C 和谓项 A 两个概念之间属于"同一关系"或者"包含于关系"。如果是"同一关系"，则 C 和 A 两个概念的外延完全相同；如果是"包含于关系"，则主项 C 被完全包含在谓项 A 中。Johnson-Laird 认为，这是一个只含 1 个心理模型的推理题，其综合的心理模型如图 4-3 中的模型 1 所示。例 4-2 则是一个不符合传统逻辑学的规定但却是有效的范畴三段论推理题（逻辑学规定，结论中的主项应该是第二前提中不是中项的那个项）。由表 4-1 可知，这也是一个只含 1 个心理模型的推理题，其综合的心理模型如图 4-3 中的模型 2 所示。

$$
\begin{array}{ll}
[[C] B] & A \\
[[C] B] & A \\
\cdots & \\
\text{模型1} &
\end{array}
\qquad
\begin{array}{ll}
[[A] B] & C \\
[[A] B] & C \\
\cdots & \\
\text{模型2} &
\end{array}
$$

图 4-3　结论命题中主项和谓项两个概念之间属于"同一关系"或者"包含于关系"的范畴三段论所含心理模型图

第二种可能的关系类型是指推理结论中的主项和谓项两个概念之间完全没有重叠关系，如例 4-3 和例 4-4 所示。

例 4-3

所有的B都不是A

所有的C都是B

所以，所有的C都不是A

例 4-4

所有的A都是B

所有的B都不是C

所以，所有的A都不是C

例 4-3 在逻辑学中是一个第四格 EAE 式的有效的范畴三段论推理。根据两个前提推出的结论命题中的主项 C 和谓项 A 两个概念之间就不存在任何重叠。由表 4-1 可知，这是一个只含 1 个心理模型的推理题，其综合的心理模型如图 4-4 中的模型 1 所示。如同例 4-2 一样，例 4-4 也是一个不符合传统逻辑学的规定但却是有效的范畴三段论推理题。由表 4-1 可知，这也是一个只含 1 个心理模型的推理题，其综合的心理模型如图 4-4 中的模型 2 所示。

图 4-4　结论命题中主项和谓项两个概念之间完全没有重叠关系的范畴三段论所含心理模型图

　　第三种可能的关系类型是指推理结论中的主项和谓项两个概念之间含有部分重叠关系。这种类型的模型图有很多种，而且含有这种类型模型图的结论命题通常也都同时含有其他类型的心理模型图。换言之，这种类型的推理题属于含有 2 个或 3 个模型的推理题。例如，例 4-5 是一个含有 2 个模型的推理题，例 4-6 则是一个含有 3 个模型的推理题。

例 4-5

有些 B 不是 A

所有的 B 都是 C

所以，有些 C 不是 A

例 4-6

所有的 B 都是 A

所有的 C 都不是 B

所以，有些 A 不是 C

　　例 4-5 在逻辑学中是一个第二格 OAO 式的有效的范畴三段论推理。根据两个前提推出的结论命题中的主项 C 和谓项 A 两个概念之间存在一定的重叠。由表 4-1 可知，这是一个含有 2 个心理模型的推理题，其综合的心理模型如图 4-5 中的模型组所示，该模型组中的模型 1 就属于第三种类型（模型 2 属于第一种类型，即结论中的主项和谓项全部重叠的类型）。

```
        [A]                    [A] [B]] C
        [A] [B]] C             [A] [B]] C
            [B]] C                 [B]] C
            [B]] C                 [B]] C
         模型1                    模型2
```

图 4-5　例 4-5 所示范畴三段论含有的一组综合心理模型图

　　例 4-6 则是一个不符合传统逻辑学的规定但却是有效的范畴三段论推理题。根据两个前提推出的结论命题中的主项 A 和谓项 C 两个概念之间可能存在一定的重叠。由表 4-1 可知，这是一个含有 3 个心理模型的推理题，其综合的心理模型如图 4-6 中的模型组所示，该模型组中的模型 2 就属于第三种类型的关系，即主项和谓项两个概念之间含有部分重叠关系，模型 3 所示的是第一种类型的关系（谓项 C 被包含于主项 A），模型 1 所示的则是第二种类型的关系（主项 A 和谓项 C 之间完全没有重叠关系）。

```
     [C]              [C]              [C]      A
     [C]              [C]      A       [C]      A
        [[B] A]          [[B] A]          [[B] A]
        [[B] A]          [[B] A]          [[B] A]
      模型1             模型2             模型3
```

图 4-6　例 4-6 所示范畴三段论含有的一组综合心理模型图

根据上述解析，也许在将 Johnson-Laird（2012）给出的"心理模型是类似图像的，是各种可能性的标记，并且只是对真值的表征"这一心理模型的定义用于解释范畴三段论推理时，主要是从上述定义中"是各种可能性的标记"这一特征来理解的。范畴三段论推理中，通过两个前提推论出的结论中的主谓两个概念间的相互关系具体分为以下三类：①主项和谓项两个概念中，其中一个概念完全被包含于另外一个概念之中；②主项和谓项两个概念相互之间完全没有重叠关系；③主项和谓项两个概念相互之间有部分重叠关系。范畴三段论推理是指结论中主谓两个概念含有多少种上述关系就是多少个心理模型的推理题。

3. Johnson-Laird 对空间推理所含心理模型内涵的解释

第二章曾提到 Byrne 和 Johnson-Laird 于 1989 年发表的《空间推理》的实验报告，其实验一的实验材料中包括单维单模型有效、单维多模型无效、多维单模型有效、多维多模型有效和多维多模型无效这五类空间推理题。为方便做进一步示例解释，在此部分将重新罗列示例与图示。

例 4-7（即例 2-19）　多维单模型有效推理题

A在B的右边

C在B的左边

D在C的前面

E在B的前面
_____

求解：D和E的相互空间位置关系

根据例 4-7 推理题可以建构一个心理模型，示意图（即图 2-4）如图 4-7 所示。

C　B　A
D　E

图 4-7　例 4-7 所示空间推理的心理模型示意图

资料来源：Byrne，R. M. J.，& Johnson-Laird，P. N.（1989）. Spatial reasoning. *Journal of Memory and Language*，28（5），564-575

例 4-8（即例 2-20）　多维多模型有效推理题

B在A的右边

C在B的左边

D在C的前面

E在B的前面
_____

求解：D和E的相互空间位置关系

根据例 4-8 推理题可以建构两个心理模型，示意图（即图 2-5）如图 4-8 所示。

```
    C A B        A C B
    D E          D E
    模型一        模型二
```

图 4-8   例 4-8 所示空间推理的心理模型示意图

例 4-9（即例 2-21）   多维多模型无效推理题

B在A的右边

C在B的左边

D在C的前面

E在A的前面

求解：D和E的相互空间位置关系

根据例 4-9 推理题可以建构两个心理模型，示意图（即图 2-6）如图 4-9 所示。

```
    C A B        A C B
    D E          E D
    模型一        模型二
```

图 4-9   例 4-9 所示空间推理的心理模型示意图

对例 4-7 和例 4-8 两个空间推理题进行比较可知：从能建构的图形形象方面来说，例 4-7 只能建构一个图形形象，而例 4-8 能建构两个图形形象。但从能推出的结论个数方面来说，这两个空间推理题的共同之处在于二者都能推论出同样一个结论，即"D 在 E 的左边"（或"E 在 D 的右边"）。

对例 4-7 和例 4-9 两个空间推理题进行比较可知：从能建构的图形形象方面来说，例 4-7 只能建构一个图形形象，而例 4-9 能建构两个图形形象。但从能推出的结论个数方面来说，这两个空间推理题的性质则是不一样的：例 4-7 只能推论出一个有效结论，即"D 在 E 的左边"；而例 4-9 则既可以推论出如例 4-7 那样的"D 在 E 的左边"的结论（如图 4-9 中的模型一所示），也可以推论出"E 在 D 的左边"的结论（如图 4-9 中的模型二所示）。显然，由于这两个结论中所描述的 D 与 E 两个字母的空间位置关系是相互矛盾的，因此判定这一推理题属于无效推理题。

此外，上述例 4-8 和例 4-9 两个空间推理题都是包含两个心理模型的空间推理题，但例 4-8 的性质是"可以建构两种图形形象但只能推出一种结论"的推理题，而例 4-9 的性质是"既能建构两种图形形象又能推出两种不同结论"的推理题，由此可以推断：Johnson-Laird 在《空间推理》一文中所说的心理模型的含义与数量似乎只是与前提所述内容中能建构空间关系形象图形的数量有关，而与各题目能推出结论的数量多少无关。

对前面例 4-8 和例 4-9 所含心理模型的含义还可以进行进一步的解析。

例 4-8 是一个多维多模型有效的空间推理题，根据该题中的四个前提，即 "B 在 A 的右边，C 在 B 的左边，D 在 C 的前面，E 在 B 的前面"，可以建构如图 4-8 所示的两个心理模型，在 Johnson-Laird 建构的这两个心理模型中，第三和第四两个前提中所说的 "前面" 被放在了第一和第二前提所建构的位置图形的 "下面"，事实上，如果我们把 "前面" 放在第一和第二前提所建构的位置图形的 "上面"，也是符合该推理题的原意的，这样就形成如图 4-10 所示的与图 4-8 不同的另外两个心理模型。

```
        D E              D E
        C A B            A C B
        模型一           模型二
```
图 4-10   例 4-8 所示空间推理题所含的另外一组心理模型示意图

当然，根据上述图 4-7 至图 4-10 都可以得出 "D 在 E 的左边" 或者 "E 在 D 的右边" 的有效结论。

与此相似，例 4-9 是一个多维多模型无效的空间推理题，根据该题中的四个前提，除了可以建构如图 4-9 所示的两个心理模型之外，还可以建构如图 4-11 所示的两个心理模型。

```
        D E              E D
        C A B            A C B
        模型一           模型二
```
图 4-11   例 4-9 所示空间推理题所含的另外一组心理模型示意图

由于这两个模型所反映的 D 与 E 的空间关系是相互矛盾的，因此，我们得不出反映 D 与 E 空间关系的有效结论，例 4-9 属于多维多模型无效的空间推理题。

结合上述对例 4-8 与例 4-9 的解析，我们同样可以推断 Johnson-Laird 在《空间推理》一文中所说的心理模型的含义与 "心理模型是类似图像的，是各种可能性的标记，并且只是对真值的表征" 这一定义中 "对真值的表征" 这一特征是无关的。Johnson-Laird 在空间推理研究中所使用的 "心理模型" 这一概念的含义主要用 "图形数量" 这一特征进行解释，即用上述心理模型定义中有关 "类似图像的" 这一特征来对空间推理结果进行解释。

4. Johnson-Laird 对命题推理所含心理模型内涵的解释

Johnson-Laird 有关命题推理的心理模型的论述有一个逐步发展的过程。

1992 年，Johnson-Laird 与他的合作者 Byrne 和 Schaeken 三人在美国著名心理学杂志《心理学评论》第 3 期上发表了一篇文章《通过模型进行命题推理》，该文的目的是用心理模型的观点来对命题推理过程做出新的解释。其基本假设是，人们的演绎推理机制并不是以使用形式命题的句法加工为基础的，而是以处理心理模型的语义程序为基础。心理模型理论部分是从逻辑中的模型理论方法方面得到某些灵感而建构的。语义程序建构出有关前提的模型，从这些模型中形成简约的结论，然后通过确定在这些前提中是否存在与这些结论相反的模型来检验这些结论的有效性。这种方法类似于在问题空间中寻找解决方案，其中每个阶段或状态都代表了一个心理模型，搜索过程则通过启发式策略进行（Newell，1990；Newell & Simon，1972；Simon，1990）。

心理模型理论假定，存在不同的心理模型作为演绎推理的基础。Johnson-Laird 等（1992）在对逻辑中的有关命题及相应的模型进行分析后，对每一种主要联结词的初始模型和最后完整的确定模型进行了总结，如表 4-2 所示。

表 4-2　断定 p 和 q 的主要联结词的初始模型和最后完整的确定模型

联结词	模型					
	初始模型		确定模型			
p 并且 q	p	q	p		q	
			相容的		不相容的	
或者 p 或者 q	p		p	q	p	$\neg q$
		q	p	$\neg q$	$\neg p$	q
			$\neg p$	q		
			条件		双重条件	
如果 p 那么 q	$[p]$	q	p	q	p	q
	……		$\neg p$	q	$\neg p$	$\neg q$
			$\neg p$	$\neg q$		
p 当且仅当 q	$[p]$	q	p	q	p	q
	$\neg p$	$[\neg q]$	$\neg p$	q	$\neg p$	$\neg q$
	……		$\neg p$	$\neg q$		

注：①第一行代表一种可选择的模型；②"$\neg$"表示否定

之后，Johnson-Laird 对不同的命题推理所含的心理模型进行了修改，如表 4-3 所示。

表 4-3   包含主要联结词的句子的完整外显模型和心理模型表

句子	完整外显模型		心理模型	
A 和 B	A	B	A	B
既不是 A 也不是 B	–A	–B	–A	–B
要么 A，要么 B，二者必居其一	A	–B	A	
	–A	B		B
或者 A，或者 B	A	–B	A	
	–A	B		B
	A	B	A	B
如果 A，那么 B	A	B	A	B
	–A	B	...	
	–A	–B		
当且仅当 A，那么 B	A	B	A	B
	–A	–B	...	

资料来源：Johnson-Laird，P. N.（2012）. Inference with mental models. In K. Holyoak，& R. G. Morrison（Eds.），*The Oxford Handbook of Thinking and Reasoning*（pp. 134-154）. Oxford：Oxford University Press

三、对人们推理行为的心理加工过程的描述

认知心理学重视对心理加工过程的研究，因此，Johnson-Laird 也试图对人类进行推理时的心理加工过程给予理论上的描述。早在 1978 年他与 Steedman 合作发表的文章中，就把人类进行三段论推理的过程分为以下四个阶段：①对两个前提的解释阶段；②对两个前提的启发式组合阶段；③结论的形成阶段；④对原始表征的检验阶段。

在 1983 年出版的《心理模型：关于语言、推理和意识的认知科学》一书中，Johnson-Laird 指出，在实际推理中，推理者可以在心中建构心理模型，通过心理模型进行推理。这一过程包括以下三个步骤：①建构第一前提的心理模型；②将第二前提的信息加入由第一前提建构的心理模型中去；③假如存在有效结论，就在模型的极端术语（极端术语是指在两个前提中只出现一次的术语，即大项和小项，由于中项在两个前提中出现了两次，故不是极端术语）之间建构一个能表达其关系的结论。

Johnson-Laird 在 1983 年提出了心理模型理论后对其进行了多次修改，对其基

本思想也有过不同的描述。1991 年，他在和 Byrne 合作所著的《演绎》一书中，对他所提出的心理模型重新做了论述，并对人类进行演绎推理的心理活动过程进行了描述，如图 4-12 所示。

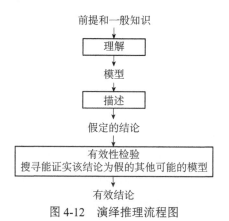

图 4-12　演绎推理流程图

资料来源：Johnson-Laird，P. N.，& Byrne，R. M，J.（1991）. *Deduction.* Hillsdale：Lawrence Erlbaum Associates

由图 4-12 可知，Johnson-Laird 的心理模型理论认为人类的推理过程可以分为三个阶段。

1）理解阶段。推理者在这一阶段利用已掌握的语言知识和一般知识来理解前提的含义，并对前提所描述的事物状态建构起内部模型。推理者在这一阶段的推理也可能依赖于知觉，由此对外部世界建构起基于知觉的心理模型。

2）描述阶段。在这一阶段，推理者试着对已建构起来的模型形成最简洁的描述。这种描述应指明前提中未能显露的内容。假如不存在这样的结论，他们就会做出"不存在有效结论"的反应。

3）有效性检验阶段。推理者在这一阶段会搜寻能证实该结论为假的、由这些前提所能构成的其他可能的模型。假如不存在其他模型，那么就证明该结论是有效的；假如存在其他模型，那么推理者就会重新回到第二阶段，去确认在他们已建构的所有模型中是否还存在其他真实的结论。在这一阶段，推理者必须去寻求反例，直到搜寻完所有可能的模型为止。由于依赖于量词和连词的演绎推理可能含有的心理模型的数量是确定的，所以，如果要对一组前提所能构成的所有模型进行搜寻是能实现的。假如从前提中不能确定是否存在其他模型，则推理者会以不确定的方式或以概率的方式来推导结论。

Johnson-Laird 认为，只有第三阶段才是真正意义上的推理过程，前两个阶段只是有关理解和描述的普通加工过程。

下面以例 4-10 所示的范畴三段论推理为例来进一步理解上述 Johnson-Laird 对推理的心理加工过程的描述。

例 4-10

所有的运动员都是面包师

所有的面包师都是大夫

根据 Johnson-Laird 对人类心理加工过程的解释，通过心理模型进行推理的第一步是理解阶段。人们在阅读推理题目时，对于全称肯定、全称否定、特称肯定和特称否定等四种不同性质的推理前提会在心中建构出与前面所述性质命题对应的心理模型。需要注意的是，任何一个前提都只需要一个心理模型。

在进行进一步分析前，我们先做如下约定，即用符号"A"代表上述例 4-10 中的"运动员"这一概念，用符号"B"代表"面包师"，用符号"C"代表"大夫"。

由于例 4-10 推理题中的两个前提都属于全称肯定命题，因此，Johnson-Laird 假设推理者在推理过程中阅读完第一前提后，会在心中对第一前提形成如图 4-13（a）所示的心理模型；在阅读完第二前提后，会在心中对第二前提形成如图 4-13（b）所示的心理模型。

```
        [A] B              [B] C
        [A] B              [B] C
         …                  …
```

（a）第一前提心理模型图   （b）第二前提心理模型图

图 4-13   例 4-10 所示范畴三段论推理中两个命题所含模型图

根据 Johnson-Laird 对人类心理加工过程的解释，通过心理模型进行推理的第二步是描述阶段，就例 4-10 的推理而言，推理者将第二前提的信息加入"理解第一前提的内容后形成的心理模型"中的程序是直接的：推理者将第二前提的信息加入由第一前提建构的心理模型中之后，可以形成如图 4-14 所示的心理模型。

```
        [[A] B] C
        [[A] B] C
          …
```

图 4-14   例 4-10 所示范畴三段论推理结果的心理模型示意图

资料来源：Johnson-Laird，P. N.，& Byrne，R. M，J.（1991）. *Deduction.* Hillsdale：Lawrence Erlbaum Associates

其中，"[[A]　B]　C"表示所有的 A 都对应于 B，所有的 B 都对应于 C。由该模型可一目了然地知道，包括运动员的集相应地包含在由大夫成员组成的集之中，同时，这两个集还是协同存在的。由这一模型可得到的结论是：所有的运动员都是大夫。就这组前提而言，不存在拒绝接受上述结论的任何其他的模型。

需要注意的是：对于不同的前提组合，推理者在这一步的加工过程是不一样的。

根据 Johnson-Laird 对人类心理加工过程的解释，通过心理模型进行推理的第三步是有效性检验阶段，就例 4-10 而言，Johnson-Laird 认为，由于根据两个前提推出的结论只存在一种心理模型，因此，它是所有范畴三段论推理中最简单的推理题之一。

推理者对多于一个心理模型的推理题进行推理时的心理加工程序则要复杂得多，如例 4-11 就属于三个心理模型的范畴三段论推理题。

例 4-11

所有的面包师都是运动员

所有的面包师都不是大夫

Johnson-Laird 认为，由这组前提可得到如图 4-15 所示的三个心理模型。

模型一	模型二	模型三
[A [B]]	[A [B]]	[A [B]]
[A [B]]	[A [B]]	[A [B]]
[C]	A　　[C]	A　　[C]
[C]	[C]	A　　[C]
…	…	…

图 4-15　例 4-11 所示范畴三段论推理结果的心理模型示意图

资料来源：Johnson-Laird，P. N.，& Byrne，R. M，J.（1991）.*Deduction*. Hillsdale：Lawrence Erlbaum Associates

模型一支持的结论是"所有的大夫都不是运动员"，这是对于这组前提而言最常见的错误推论；模型二不支持"所有的大夫都不是运动员"的结论，但模型一和模型二都支持"有些大夫不是运动员"的结论；模型三不支持上述任何结论。这时，有些推理者会倾向于做出"不存在有效结论"的选择，但事实上，这组前提所能构成的上述三种心理模型都支持这样一个有效的结论，即"有些运动员不是大夫"。Johnson-Laird 认为，这种能构成多重模型的前提组合是范畴三段论推理中最难推出正确结论的推理题。总的来说，任何范畴三段论推理都不需要建构多于三个的不同模型。

第三节　心理模型理论的主要实验证据

一、心理模型理论对人们推理行为的实验结果的主要预测

Johnson-Laird（2012）指出，心理模型理论对推理者的推理结果包含多个预测，主要包括以下五个。

预测1：推理过程中所需要的心理模型越少且越简单，那么，完成推理所需要的时间越少，犯错误的可能性越低。

预测2：如果前提所含的模型会得出重叠的结果，则容易犯推理错误。

预测3：推理者可以通过设想反例来拒绝（refute，或反驳）无效推理。

预测4：推理者可能会弃置（或放任）虽然是强制性的但却是无效的错觉性推断。

预测5：不同的推理者可能会在心理模型的基础上发展出不同的推理策略。

本节，我们将从范畴三段论推理、空间推理和命题推理三个领域选择 Johnson-Laird 及其合作者设计的经典实验进行介绍，以便读者能更好地理解这一理论有关上述第一个预测是怎样得到实验证据的支持的。

二、范畴三段论推理的经典实验

心理模型理论对实验结果最主要的预测是上述预测1。这一预测在范畴三段论研究领域也得到了许多实验证据的支持（Johnson-Laird & Steedman，1978；Johnson-Laird & Bara，1984；Oakhill & Johnson-Laird，1985，1989）。

Johnson-Laird 和 Steedman（1978）合作发表的文章中报告的两个实验的主要目的是探讨有关范畴三段论构成中的格因素对推理者对有效三段论进行推理时正确判定推理结论的影响。这一时期，Johnson-Laird 的心理模型理论还没有成型，因此在该文中，两位作者只是用他们称之为"类比推理理论"（the analogical theory）的理论来解释实验结果。

Johnson-Laird 在 1980 年发表的《认知科学中的心理模型》一文中正式提出心理模型理论后，在他所著的《心理模型：关于语言、推理和意识的认知科学》（1983）一书的第五章中，对他和 Steedman（1978）合作发表的文章中报告的实验结果重新进行了整理，同时对他和 Bara 于 1984 年合作发表的实验研究结果一起进行了整理，实验结果如表 4-4 所示，由表中数据可知，这些实验数据结果是支持上述预测 1 的。

表 4-4　三个不同的范畴三段论推理实验中正确的
有效结论的百分比　　　　　　　　单位：%

数据来源	1 个模型	2 个模型	3 个模型
Johnson-Laird & Steedman（1978）	92	46	27
Johnson-Laird & Bara（1984）实验一	80	20	9
Johnson-Laird & Bara（1984）实验三	62	20	3

资料来源：Johnson-Laird，P. N.（1983）. *Mental Models：Towards a Cognitive Science of Language*，*Inference and Consciousness*. Cambridge：Harvard University Press

1984 年，他与 Bara 合作在《认知》（*Cognition*）杂志上发表了一篇文章《三段论推理》。该文报告了三个实验，其中前两个实验的目的在于探讨心理模型的建构问题，第三个实验用于证实心理模型理论的下述预测，即认为有两个因素会影响三段论操作：一是前提的格；二是它们唤起的心理模型的数量。下面我们对该文的实验设计和结果给予简要介绍。

他们认为，格会对三段论结论的形式产生影响，这一点是毋庸置疑的，关键的问题是：这种效应是由什么因素引起的。在 Johnson-Laird 和 Steedman（1978）的研究中，他们把这种效应归因于推理者在前提的心理表征中存在一个内置的方向性偏差（bias），心理表征的扫描（scan）在同一方向进行时更容易，在不同方向进行时则更难。然而，他们认识到这些偏差也可能是形成前提的综合表征所需要心理加工的结果。Johnson-Laird 和 Bara 所做的实验一（表 4-4）的目的是考察被试被要求在相对短的时间内完成任务时，该效应是否仍然存在。如果效应是由对两个前提构成的模型的加工所引起的，那么，在这种情况下当然会发生该效应；如果只是由延长思考时间所引起的，那么，在减少思考时间的情况下，这种效应发生的概率就会降低。

他们预测，影响三段论推理难度的因素主要有两个。第一个因素是前提的格，它会对推理者的推理造成两个方面的影响：①使推理者在第一阶段难以建构初始模型；②使推理者在推理的第二阶段形成结论时会产生次序偏差。第二个因素是必须要建构的心理模型的数量，这一因素会增加推理者工作记忆的负担。

在因变量方面，Johnson-Laird 和 Bara 预测，对产生有效结论的前提主要可预见有三种反应：①正确的有效结论；②由于未能考虑到前提所有可能的模型而导致的不正确结论；③没能同时从两个方向进行模型扫描而导致的"无有效结论"的错误反应。

实验三的目的就是检验以上预测，并对各种错误结论进行详尽预测。被试为意大利米兰大学 20 名未受过任何正式逻辑训练的大学生，他们以前也未参加过任何类似的实验。同实验一一样，实验三的实验材料中两个前提都分别由 4 种日常命题（所有的 x 都是 y、一些 x 是 y、没有 x 是 y、一些 x 不是 y）构成，设定了四种格的条件，最后生成 64 对前提材料，被试要对每一对前提材料进行推断。与实验一不一样的是，实验三不存在时间压力，被试可以自行决定结论推断的时长。

表 4-5 列出了在前提的四种格条件下推断出 A—C 和 C—A 两类结论的百分比。由"A—B，B—C"格条件下 A—C 结论以及"B—A，C—B"格条件下 C—A 结论的高百分比可看出，所有被试都表现出了假设的方向性偏差。

表 4-5　实验三中每种前提的格条件下不同形式的结论百分比　　单位：%

结论的形式	前提的格			
	A—B B—C	B—A C—B	A—B C—B	B—A B—C
A—C	78	10	28	28
C—A	6	63	23	17

心理模型理论预测：随着要建构的模型数量的增加，正确反应的数量会随之减少。表 4-6 中呈现的是在四种格条件中不同模型数量的条件下，被试得出有效结论的百分比。

表 4-6　根据格和要建构的模型数量推导出的
有效结论的百分比　　单位：%

要建构的模型数量	前提的格				总的百分比 （n=27）
	A—B B—C （n=6）	B—A C—B （n=6）	A—B C—B （n=6）	B—A B—C （n=9）	
1 个模型（n=11）	90	83	72	43	72
2 个模型（n=4）			30	20	25

续表

要建构的模型数量	前提的格				总的百分比 （n=27）
	A—B B—C （n=6）	B—A C—B （n=6）	A—B C—B （n=6）	B—A B—C （n=9）	
3 个模型（n=8）	30	30	3	8	12
与格相反的 3 个模型（n=4）	3	3			3
总的百分比（n=27）	51	48	35	22	37

注：表中空白部分表示实验材料中未涉及该条件，n 为每种条件下问题的数量，下同

　　Johnson-Laird 等认为，这一预测在上述结果中得到验证并且特别可信（Page 检验结果为：$L=274.5$，$z=5.45$，$p<0.001$）。有效结论的正确反应数量在第 1、4、2、3 格的顺序中减少这一格效应也在上述结果中得到验证并且特别可信（Page 检验结果为：$L=567.0$，$z=5.19$，$p<0.001$）。虽然在表 4-6 的结果中，两个因素之间的交互作用似乎不显著，但由于包含空的实验单元，因此不能由此断定它们之间确实不存在交互作用关系。

　　表 4-7 呈现了事实上是有效结论的问题但却做出"无有效结论"反应的百分比。由表中数据可知，就推理题目中所含的心理模型数量这一自变量而言，推理者在解题时需要建构的心理模型数量越多，其推理结果的正确率就会越低。这样的实验结果支持该理论的上述预测。

表 4-7　根据格和要建构的模型数量推导出的
无有效结论的百分比　　单位：%

要建构的模型数量	前提的格				总的百分比 （n=27）
	A—B B—C （n=6）	B—A C—B （n=6）	A—B C—B （n=6）	B—A B—C （n=9）	
1 个模型（n=11）	0	5	25	28	14
2 个模型（n=4）			30	23	26
3 个模型（n=8）	0	20	48	45	27
与格相反的 3 个模型（n=4）	13	15			14
总的百分比（n=27）	4	11	34	34	22

三、空间推理的经典实验

　　从 20 世纪 80 年代后期开始，Johnson-Laird 与不同的学者合作在空间推理研

究领域发表了一系列实验研究成果。本书第二章介绍的 Byrne 和 Johnson-Laird 于 1989 年合作发表的《空间推理》一文就是其代表之一。Johnson-Laird 认为，如本书表 2-6 所示的实验研究结果是支持心理模型理论有关"推理者对多模型空间推理题的推理行为会比单模型空间推理题的推理行为更难得出正确结论"的实验预测的。

四、命题推理的经典实验

心理模型理论对推理结果最重要的预测是"推理过程中所需要的心理模型越少且越简单，那么，完成推理所需要的时间越少，犯错误的可能性越低"。下面我们将通过 Johnson-Laird 与他的两位合作者于 1992 年在美国著名心理学杂志《心理学评论》上发表的《通过模型进行命题推理》的文章中所报告的实验结果，来了解 Johnson-Laird 在命题推理研究领域的实验结果是如何支持这一预测的（Johnson-Laird et al., 1992）。

该文报告了四个实验来检验心理模型。所有四个实验中，研究者都用被试从言语前提中自发推理出的有关结论来检验这一模型理论的预测。下面我们简要介绍该文所报告的前三个实验。

1. 实验一：关于条件演绎推理与选言演绎推理的比较研究

心理模型理论预测，不相容选言推理要比其他命题推理更难。

研究者指出，设计这一实验是想对以不相容选言推理为基础的演绎推理与以条件推理为基础的演绎推理做一系统比较。此外，研究者还预测否定演绎推理会比肯定演绎推理更难。

Johnson-Laird 等在这一实验中使用了四种不同类型的命题推理题作为实验材料，其中每一类包括 4 道题，四类合计有 16 道命题推理题。

第一类是肯定式条件推理题，如例 4-12 所示。

例 4-12

如果Linda在阿姆斯特丹，那么Cathy就在马略卡岛

Linda在阿姆斯特丹

_____

?

第二类是否定式条件推理题，如例 4-13 所示。

例 4-13

如果Linda在阿姆斯特丹，那么Cathy就在马略卡岛

Cathy不在马略卡岛

?

第三类是肯定式不相容选言推理题，如例 4-14 所示。

例 4-14

或者Linda在阿姆斯特丹，或者Cathy在马略卡岛，但不是两者同时在

Linda在阿姆斯特丹

?

第四类是否定式不相容选言推理题，如例 4-15 所示。

例 4-15

或者Linda在阿姆斯特丹，或者Cathy在马略卡岛，但不是两者同时在

Cathy不在马略卡岛

?

此外，还有 6 道过滤题。对 16 道推理题以随机方式进行排列后，与另外 6 道过滤题一起按每题一页的方式打印成册。每位被试所做的 16 道推理题的次序是不一样的，但 6 道过滤题在手册中的位置是固定的。

剑桥大学应用心理学院医学理事会的 14 位成员（其中 10 位男性，4 位女性）作为被试参与了这次实验。在实验过程中，被试以个别测试的方式自由解题，其任务是根据每一道题提供的两个前提写出可能存在的结论。实验结果如表 4-8 所示。

表 4-8　实验一中四类不同推理题的正确作答率　　　　　单位：%

项目	肯定式条件推理题	否定式条件推理题	肯定式不相容选言推理题	否定式不相容选言推理题
正确率	91	64	48	30

对表 4-8 中数据进行统计分析后，可得到如下两个结果：①条件推理比不相容选言推理更容易，两者差异达到非常显著的水平；②肯定推理比否定推理更容易，两者差异达到非常显著的水平。

根据心理模型理论的描述，不相容选言推理的初始模型有两个，而条件推理的初始模型只有一个，因此，上述实验结果支持心理模型理论中关于"推理过程中所需要的心理模型越少且越简单，那么，完成推理所需要的时间越少，犯错误的可能

性越低"这一预测。

2. 实验二与实验三：关于条件推理与双重条件推理的比较研究

由表 4-2 可知，条件推理与双重条件推理的初始模型都只有 1 个，但条件推理的确定模型是 3 个，而双重条件推理的确定模型则是 2 个。Johnson-Laird 等（1992）报告的实验二与实验三的研究目的都是试图用实验方式来检验双重条件推理是否比条件推理更容易，因此，它们在性质上是一样的。研究者先是在剑桥大学应用心理学院医学理事会招聘了 16 位成员（其中 14 位男性，2 位女性）作为被试参与实验二的研究。研究者在对实验二的研究结果进行分析后发现：虽然根据实验二的结果也可得出一定的结论，但实验中的交互作用不明显，为了提高这一研究的检验力，他们又在鲁汶大学招聘了 24 位大学生作为被试，重复做了这个实验，并将其作为这一研究的实验三。

实验二与实验三都是两因素重复测量实验设计：因素 1 是条件性质，包含条件推理与双重条件推理两个水平；因素 2 是前提的数量，包含两个前提与三个前提两个水平。通过这两个因素所含水平的交叉，可构成四种不同性质的实验材料。

第一种是两前提条件推理，如例 4-16 所示。

例 4-16

如果有一个圆圈，那么就有一个三角形

没有三角形

——————————————————————

?

第二种是两前提双重条件推理，如例 4-17 所示。

例 4-17

当且仅当有一个圆圈，那么有一个三角形

没有三角形

——————————————————————

?

第三种是三前提条件推理，如例 4-18 所示。

例 4-18

如果 Mary 在都柏林，那么 Joe 就在利默里克

如果 Joe 就在利默里克，那么 Lisa 就在普林斯顿

Mary 在都柏林

——————————————————————

接着是什么？

第四种是三前提双重条件推理，如例 4-19 所示。

例 4-19

当且仅当Mary在都柏林，那么Joe在利默里克

当且仅当Joe就在利默里克，那么Lisa在普林斯顿

Mary在都柏林

接着是什么？

被试在实验过程中以个别测试的方式自由解题，其任务是根据每一道题提供的两个前提写出可能存在的结论。实验二与实验三的结果如表 4-9 所示。

表 4-9　实验二与实验三中被试正确进行演绎推理的百分数　　单位：%

条件类别		MT		MP	
		实验二	实验三	实验二	实验三
两前提	条件推理	97	96	38	56
	双重条件推理	97	98	59	67
三前提	条件推理	88	96	38	42
	双重条件推理	84	100	44	65

由表 4-9 可知，总的来说，MT 的演绎推理比 MP 的演绎推理更容易，两者差异达到显著水平；两个前提的演绎推理比三个前提的演绎推理更容易，两者差异达到显著水平。

上述两个实验结果表明，推理者进行演绎推理时所需要的外显模型越多，该演绎推理就越难。这些实验研究结果支持"推理过程中所需要的心理模型越少且越简单，那么，完成推理所需要的时间越少，犯错误的可能性越低"这一预测。

第四节　对心理模型理论的简要评析

一、简要评价

本书第一章曾引用英国著名心理学家 Eysenck 和 Keane（2000）所编著的《认

知心理学》（第 4 版）第 16 章"推理与演绎"中的一段话："任何充分的推理理论都必须能够解释从这些实验任务中产生的现象……虽然也有一些理论能解释部分实验现象，但是真正符合这一要求的理论可能只有两个，即抽象规则理论和心理模型理论。"15 年后，该书第 7 版在论述有关演绎推理的理论时指出，本书将讨论两种影响较大的演绎推理理论：第一种是由 Johnson-Laird 提出的心理模型理论；第二种是目前正持续提升其影响力的双重加工理论（Eysenck & Keane，2015）。

笔者认同上述有关心理模型理论是目前推理心理学研究领域影响最大的理论之一的观点。如果本章第二节所论述的该理论有关各种不同类型推理题的心理模型的内涵是正确的话，那么该理论对含有不同心理模型数量的推理题的推理行为结果是可以做出预测和解释的，即模型多的推理题目比模型少的推理题目在推断正确率方面会更低，在难度上会更大；此外，心理模型理论也能解释"为什么有些无效推理会比其他无效推理更容易得出正确答案"等问题。

与其他心理学有关推理的理论模型一样，心理模型理论也不可避免地存在不足之处。心理逻辑理论（Braine & O'Brien，1998；Rips，1994）、概率理论（Oaksford & Chater，2007；Hattori，2016）、领域特异性理论（Cheng & Holyoak，1985；Cosmides，1989）等推理心理学研究领域的提出者都曾经从不同角度分析过心理模型理论的不足。

笔者认为，心理模型理论对心理模型所下的定义或许还存在两个值得进一步讨论的问题。

前面曾指出，Johnson-Laird 在 2012 年发表的文章中对"心理模型"这一概念主要给出了两个定义：①定义 1：心理模型代表了现实物体、人、事件和过程，以及复杂系统的操作。②定义 2：心理模型是类似图像的，是各种可能性的标记，并且只是对真值的表征。

笔者认为，其中存在的问题一是：就"定义 1"而言，虽然该定义提到了作为推理者主体存在的"心理模型"与作为客体存在的"现实物体、人、事件和过程"两方面的内涵，但总的来说，心理模型理论缺乏对主体与客体相互关系的论述。问题二是：就"定义 2"而言，心理模型理论或许还存在不同类型中的心理模型含义含糊不清的问题。如前所述，根据 Johnson-Laird 在 2012 年发表文章中的论述，心理模型理论是基于以下三条原理的：①形象性原理；②可能性原理；③真值性原理。根据上述三条原理，Johnson-Laird 给出心理模型的定义之一是：心理模型是类

似图像的,是各种可能性的标记,并且只是对真值的表征。问题在于,Johnson-Laird
在论述不同类型推理任务的心理模型含义时,并没有明确指明推理者在对不同类
型的推理题进行推理的过程中,所建构的心理模型必须同时包含上述三种特征,还
是只需包含其中一种特征,换言之,对于范畴三段论、空间推理和命题推理等不同
形式的推理任务,Johnson-Laird 给出的心理模型定义的内涵存在着不一致的问题。

下面我们对这三种不同类型推理所含心理模型的内涵做具体解析。

二、范畴三段论推理心理模型含义的解析

Johnson-Laird 对范畴三段论中心理模型含义的描述似乎是指"推理结论中主
谓两个概念相互之间包容度的可能结果类型,而与图像和真值性似乎都没有关
系",即用上述心理模型定义中有关"是各种可能性的标记"这一特征来进行界定,
以此对命题推理结果进行解释。

以前面所述例 4-10 为例做进一步的解析。这一推理题中的三个命题都属于全
称肯定命题,根据 Johnson-Laird 对全称肯定命题所含心理模型的描述,两个前提
的心理模型如图 4-13 所示。

该范畴三段论推理题不属于传统意义上的推理题推理者(传统逻辑学规定结
论中的主项应该是 C 而不是 A),但是,Johnson-Laird 认为,推理者对例 3-5 进行
推理的心理加工过程中,将第二前提的信息加入由第一前提建构的心理模型中之
后,可以形成"所有的运动员(A)都是大夫(C)"这一正确结论,并且根据两个
前提推出的结论只存在如图 4-14 所示的唯一的心理模型,例 4-10 这一推理题也就
因此被视为属于一个模型的推理题。

如前所述,Johnson-Laird(2012)给出心理模型的定义之一是"心理模型是类
似图像的,是各种可能性的标记,并且只是对真值的表征"。首先,我们来解析这
一推理与"真值的表征"这一定义所含特征的关系。这一定义所包含的三个特征
中,就"真值的表征"这一特征而言,根据传统逻辑学的规定,像例 3-5 这样的第
四格的两个全称肯定命题的前提组合只能得出"有些 C 是 A"这样的特称肯定命
题结论,不能得出"所有的 C 都是 A"的全称肯定命题结论,因此,这一推理结果
不符合传统逻辑学对例 3-5 这种推理题有关真值的规定。但是,根据这一推理的两

个前提，又确实可以得出"所有的运动员（A）都是大夫（C）"这样的结论，因此，这一推理过程似乎又与"真值的表征"这一特征没有太大的关系。

其次，我们来解析这一推理与"类似图像的"这一定义所含特征的关系。形式逻辑学指出，所有的 S（主项，以下用字母"A"代替"S"）都是 P（谓项，以下用字母"B"代替"P"）这样的全称肯定命题所反映的主项和谓项之间的相互关系包含"同一关系"和"包含于关系"两种情况，可以分别用欧拉图（Euler graph）表示出来，据此，例 4-10 中第一前提"所有的运动员（A）都是面包师（B）"的欧拉图如图 4-16 所示。与此类似，例 4-10 中第二前提"所有的面包师（B）都是大夫（C）"的欧拉图如图 4-17 所示。

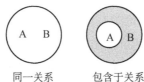

同一关系　　　　包含于关系

图 4-16　欧拉图反映例 4-10 中第一前提的两种示意图

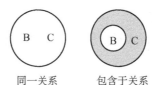

同一关系　　　　包含于关系

图 4-17　欧拉图反映例 4-10 中第二前提的两种示意图

两个前提组合在一起，根据不同的欧拉图就可以形成如图 4-18 所示的四种不同的组合。

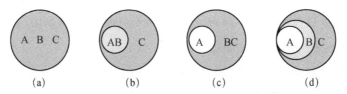

(a)　　　　　　(b)　　　　　　(c)　　　　　　(d)

图 4-18　例 4-10 所示范畴三段论推理结果的四种欧拉图示意图

注：（a）是第一前提同一关系与第二前提同一关系的组合结果；（b）是第一前提同一关系与第二前提包含于关系的组合结果；（c）是第一前提包含于关系与第二前提同一关系的组合结果；（d）是第一前提包含于关系与第二前提包含于关系的组合结果

上述两个前提组合后的四个欧拉图都支持"所有的运动员（A）都是大夫（C）"这一结论，该结论也包括如图 4-19 所示的两种欧拉图。

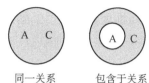

图 4-19　欧拉图反映例 4-10 中结论命题的两种示意图

Johnson-Laird 认为，这一范畴三段论推理题属于如例 4-10 所示的"一个心理模型的推理题"，但是，根据 Johnson-Laird（2012）给出的心理模型的定义：心理模型是类似图像的，是各种可能性的标记，并且只是对真值的表征。显然，将例 4-10 这一范畴三段论推理题归属于"一个心理模型的推理题"与该推理题的结论命题含有如图 4-19 所示的两个图形的表征是相互矛盾的。

从上面的解析看，Johnson-Laird 对这个范畴三段论推理所含心理模型的规定与其定义中"类似图像的"这一特征似乎没有关系。就"对真值的表征"这一特征而言，从两个前提中确实可以推论出"所有的运动员（A）都是大夫（C）"这一有效结论，但根据形式逻辑学的规定，这一全称肯定命题同时也包含着"有些运动员（A）是大夫（C）"这一特称肯定命题的有效结论，说这一推理题是"一个心理模型的推理题"也就意味着其内涵与"对真值的表征"这一特征关系不大。

三、空间推理心理模型含义的解析

Johnson-Laird 对空间推理中的心理模型含义的描述似乎与"图像"这一属性有关，但与"真值性"没有关系。例如，在前面所举的 Byrne 和 Johnson-Laird 于 1989 年所报告的空间推理的实验中，根据单维单模型有效空间推理题，即"A 在 B 的右边，C 在 B 的左边"这两个前提，可以建构如图 2-2 所示的一个心理模型，由该心理模型可以得到如下两个反映 A 与 C 相同位置关系但不同的语言表达方式的有效结论：①A 在 C 的右边；②C 在 A 的左边。换言之，这两个不同的结论表达方式在如图 4-11 所示的同一个图形中反映的 A 与 C 之间的空间位置关系都是具有真值性质的，如果说这一推理题是属于一个心理模型的推理题，那么只能说这里的心理模型的内涵主要与由两个前提所能建构的图像数量有关，而与其所能表达的结论数量无关。

又如，在前面所举的 Byrne 和 Johnson-Laird 于 1989 年所报告的空间推理的实

验中，根据单维多模型无效空间推理题，即"B 在 A 的右边，C 在 B 的左边"这
两个前提，可以建构如图 2-3 所示的两个心理模型，由于这两个模型所反映的 A 与
C 的空间关系是相互矛盾的，因此，我们得不出反映 A 与 C 空间关系的有效结论，
其性质是属于两个心理模型的推理题，由此也可以推断 Johnson-Laird 所说的心理
模型的含义与"心理模型是类似图像的，是各种可能性的标记，并且只是对真值的
表征"这一定义中"对真值的表征"这一特征是无关的。

四、命题推理心理模型含义的解析

前面曾提到，Johnson-Laird 对复合命题推理中心理模型含义的描述如表 4-3 所
示。由表 4-3 可知，Johnson-Laird 所说的心理模型的含义一方面与外显模型是不同
的，另一方面与命题逻辑中的真值表也不一样。我们以表 4-3 中所列选言命题的真
值为例，逻辑学规定，无论是相容的选言命题还是不相容的选言命题，其前后件之
间的逻辑关系都存在如表 4-10 所示的四种可能结果。

表 4-10   选言命题真值表

相容的选言命题			不相容的选言命题		
A	B	A∨B	A	B	A⊙B
真	真	真	真	真	假
真	假	真	真	假	真
假	真	真	假	真	真
假	假	假	假	假	假

逻辑学规定，A 与 B 之间相容的析取关系是可以同真、不可以同假的关系，
因此，在 A 与 B 不同真假组合的四种关系中，只有 A 与 B 都是假的时候，其析取
关系才为假。与表 4-3 中所列的"或者 A，或者 B"的外显模型相比较可知，Johnson-
Laird 所说的外显模型可以被视为真值表中去除 A 与 B 都假的关系后，剩下的三种
析取关系为真的外显模型，可相应表示为"（A，B）；（A，¬B）；（¬A，B）"，而
相应的心理模型则可表示为"（A，B）；（A）；（B）"，即由外显模型的各种符号中
去除假值符号后只含真值符号构成的模型。

与上述相似，按逻辑学的规定，A 与 B 之间不相容的析取关系是既不可同真、
也不可同假的关系，因此，在 A 与 B 不同真假组合的四种关系中，当 A 与 B 同真

或者同假的时候，其析取关系都是假。与表 4-3 中所列的"要么 A，要么 B，二者必居其一"的外显模型相比较可知，Johnson-Laird 所说的外显模型是真值表中去除 A 与 B 同真或同假的关系后，剩下的两种析取关系为真的外显模型，可相应表示为"（A，¬B）；（¬A，B）"，而相应的心理模型则可表示为"（A）；（B）"，即由外显模型的各种符号中去除假值符号后只含真值符号构成的模型。

我们再以充分条件假言命题和充要条件假言命题为例，逻辑学规定，无论是充分条件假言命题还是充要条件假言命题，其前后件之间的逻辑关系都存在如表 4-11 所示的四种可能结果。

表 4-11 两种假言命题真值表

充分条件假言命题			充要条件的假言命题		
A	B	A→B	A	B	A↔B
真	真	真	真	真	真
真	假	假	真	假	假
假	真	真	假	真	假
假	假	真	假	假	真

在逻辑学中，充分条件假言命题的推理即"A → B"被称为蕴涵式，通常读作"如果 A，那么 B"。由表 4-11 可知，只有在 A 真 B 假的情况下，充分条件假言命题的推理才是假的。与表 4-3 中所列的"如果 A，那么 B"的外显模型相比较可知，Johnson-Laird 所说的外显模型是真值表中去除 A 真 B 假的关系后，剩下三种蕴涵式均为真的外显模型，可相应表示为"（A，B）；（¬A，B）；（¬A，¬B）"，而相应的心理模型则可表示为（A，B）；……，即由外显模型的各种符号中去除假值符号后只含真值符号构成的模型。

同样，在逻辑学中，充要条件假言命题的推理即"A ↔ B"被称为对等式，通常读作"A 等值（于）B"或"当且仅当 A，那么 B"。由表 4-11 可知，只有在 A 与 B 同真或同假的情况下，充要条件假言命题的推理才是真的。与表 4-3 中所列的"当且仅当 A，那么 B"的外显模型相比较可知，Johnson-Laird 所说的外显模型是真值表中去除 A 真 B 假和 A 假 B 真两种等值式不成立的关系后，剩下两种等值式均为真的外显模型，可相应表示为"（A，B）；（¬A，¬B）"，而相应的心理模型也像蕴涵式一样可表示为"（A，B）；……"，即由外显模型的各种符号中去除假值符号后只含真值符号构成的模型。

如前所述，Johnson-Laird 认为，心理模型是对世界的一种表征，这种表征被假定为人类推理的基础。它是某种可能性为真值的表征，并且只要可能就会有一个具有图像性的结构。各种复杂系统都是在长时记忆中知识表征的一种形式（Johnson-Laird，2006）。从上面对命题推理的心理模型的分析可知，我们似乎可以把心理模型理解为与真值联系在一起的形象性表征。在一定意义上说，心理模型、外显模型和真值表之间的关系是：外显模型是真值表中不包含结果为假的那些模型，而心理模型则只是表现外显模型的各种符号中去除假值符号后只含真值符号构成的模型。

从上面的分析可知，Johnson-Laird 对复合命题推理中心理模型含义的描述似乎主要是指命题中结果为真的形象表征，即用上述心理模型定义中有关"只是对真值的表征"这一特征来进行界定，以此对命题推理结果进行解释。

根据以上解析，Johnson-Laird 根据其图像性、可能性和真值性等三个特征给出的"心理模型是类似图像的，是各种可能性的标记，并且只是对真值的表征"这一心理模型的定义，似乎在范畴三段论推理、空间推理和命题推理等不同推理形式的解释中具有不一样的内涵。逻辑学规定，在同一理论框架下，同一概念的内涵自始至终应该保持在同一意义上使用，由此才能保证其意义的一致性，因此，如果 Johnson-Laird 提出的"心理模型"这一概念在不同推理形式中的意义确实存在不一致的话，那就意味着该概念存在"同一概念在解释不同推理形式时存在内涵不一致"的逻辑问题。

第五章

Evans 的双重加工理论

第一节　Evans的双重加工理论及相关理论的提出

　　Evans 是英国普利茅斯大学的著名心理学家。他在著名推理心理学家 Wason 的指导下获得博士学位后，从 20 世纪 70 年代起就提出了旨在解释人类推理心理加工过程的双重加工理论，并且一直到现在仍然在不断地思考着怎样修改和完善这一理论的内涵。他曾发表了大量的学术论文，并且每隔几年就会将其在前一阶段的思考结果整理成专著介绍给读者。其主要论著包括《演绎推理心理学》(*The Psychology of Deductive Reasoning*) (Evans，1982)、《人类推理中的偏差：原因和结果》(*Bias in Human Reasoning：Causes and Consequences*) (Evans，1989)、《假设性思维：推理和判断中的双重加工》(*Hypothetical Thinking：Dual Processes in Reasoning and Judgement*) (Evans，2007)、《双重思考：一个大脑，两种心灵》(*Thinking Twice：Two Minds in One Brain*) (Evans，2010) 等。

　　除了上述独著之外，Evans 还与 Newstead 和 Byrne 合作于 1993 年出版了《人类推理：演绎心理学》(*Human Reasoning：The Psychology of Deduction*)，此外还与 Over 合作，于 1996 年出版了《理性与推理》(*Rationality and Reasoning*) 和于 2004 年出版了《如果》(*If*) 等专著。

　　此外，Evans 还主编了不少论文集，如《思维和推理》(*Thinking and Reasoning*) (Evans，1983)，与 Frankish 合作主编了《两种心灵：双重加工及展望》(*In Two Minds：Dual Processes and Beyond*) (Evans & Frankish，2009)，2014 年还出版了他对自己

学术研究的总结性论文集《推理、理性和双重加工》(*Reasoning，Rationality and Dual Processes*)(Evans，2014)。

在推理心理学研究领域中，通常把 Evans 提出的推理理论通称为双重加工理论，但总的来说，Evans 在推理心理学研究领域提出了以下三个相互关联的理论：①双重加工理论；②双因素理论(two factor theory)；③两种心灵假设理论(two minds hypothesis theory)。其中在推理心理学研究领域影响最大的是双重加工理论。本书第一章曾经指出，有许多心理学家根据自己的研究思路提出了名称相同但内容互不相同的双重加工理论，但是，这一研究领域的主流学者大都认同 Evans 提出的理论在双重加工理论中具有支配性地位(De Neys，2018)，因此，本章将主要介绍 Evans 提出的双重加工理论。

第二节　Evans 的双重加工理论的主要内容简介

一、双重加工理论不同发展阶段的内涵简介

Evans 从 20 世纪 70 年代中期提出双重加工理论后，至今 50 多年的发展过程中，在不同时期对其双重加工理论的内涵有着不同的表述，本书两位作者(胡竹菁、胡笑羽，2012)对其不同时期的理论内涵进行梳理后，认为可以根据他对"双重加工"使用名称的不同，把 Evans 提出的双重加工理论划分为以下五个不同的发展阶段：①早期的类型 1(type 1)-类型 2(type 2)阶段；②启发式加工(heuristic processes)-分析式加工(analytic processes)阶段；③不言自明的加工(tacit processes)-外显加工(explicit processes)阶段；④系统 1(system 1)-系统 2(system 2)阶段；⑤回归到具有新内涵的类型 1-类型 2 阶段和两种心灵假设阶段。

此外，Evans 的双重加工理论的内涵与他提出的双因素理论又交织在一起，因此，在了解 Evans 不同名称的双重加工内涵后，还需要了解其双因素理论，这样才能完整地理解 Evans 的双重加工理论。

1. 早期的类型 1-类型 2 阶段

这一阶段的时间跨度大致是 1975—1982 年。

早在 1975 年，Evans 与 Wason 合作发表了《推理中的双重加工？》（"Dual processes in reasoning?"）（Wason & Evans，1975）一文，第二年又发表了《推理任务中的理性》（"Rationalisation in a reasoning task"）一文（Evans & Wason，1976）。Evans 在这两篇论文中指出，双重加工理论主要涉及对人类推理的操作和内省之间为什么会存在不一致的解释。他认为可以将人类的推理活动视为理性的，或者说，在人们的行为和意识思维之间至少存在两种不同的双重加工形式。

根据 Evans（1982）出版的《演绎推理心理学》一书，他提出的双重加工理论在这一时期的内涵是：双重加工理论假设人类的推理过程存在两种不同类型的加工，其中，类型 1 的加工是指由潜意识决定的加工，这种加工是诸如匹配偏差等推理操作的基础，这种加工一般不能提供内省报告；类型 2 的加工是指涉及言语正当化的有意识的加工，推理者对其推理操作的内省报告反映了他要使自己的行为与他的情境知识一致而建构正当理由的倾向。

从 1980 年开始，Evans 对其早期的双重加工理论的内涵进行了修正（Evans，1980a，1980b，1982）。Evans 在《演绎推理心理学》一书中指出，他提出的双重加工理论修正版的内涵"已经放弃了由是否在意识水平上的操作来区别两种类型加工的观点，代之以类型 1 是非言语加工，类型 2 是言语加工"（Evans，1982）。换言之，与之前的理论内涵相比较，修正版的双重加工理论用"非言语-言语"取代"无意识-意识"，作为区分"类型 1-类型 2"两种加工类型的标志性特征：类型 1 的加工是非言语加工，类型 2 的加工作用主要在于激活言语反应。

上述两种版本的双重加工理论虽然具有不同的内涵，但其"双重加工"内涵的名称都是"类型 1-类型 2"。

2. 启发式加工-分析式加工阶段

这一阶段的时间跨度主要在 1984—1989 年，但到了 21 世纪时仍然会使用。

1984 年，Evans 在《英国心理学杂志》上发表了《推理中的启发式和分析式加工》（"Heuristic and analytic processes in reasoning"）一文，在这篇文章中，他对双重加工理论的内涵做出了新的解释，将有关人类推理的"类型 1-类型 2"两种类型的加工更改为"人类推理的两阶段理论"（two-stage theory of human inference）。其中，第一阶段为启发式加工阶段，推理者在这一阶段的加工任务是将推理题目中有关联的作业信息区分出来并将其送到第二阶段去进行进一步的加工；第二阶段为分析式加工阶段"，推理者在这一阶段的加工任务是根据启发式阶段选出的有关联的作业信息进行推理并做出判断。这个过程如图 5-1 所示。

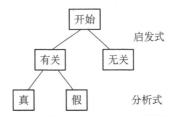

图 5-1　以真值表作业的操作为基础的两阶段加工模型图

资料来源：Evans, J.（1984）. Heuristic and analytic processes in reasoning. *British Journal of Psychology*，75，451-468

需要特别指出的是：①Evans 提出的人类推理的两阶段理论与他之前提出的以两种类型的加工为基础的双重加工理论在内涵上具有显著区别。②Evans 所使用的"启发式"一词与 Mynatt 等（1993）使用的"启发式"一词具有完全不同的含义：Mynatt 等使用的"启发式"一词通常是指在长时记忆中便捷、快速提取信息的加工过程，而 Evans 使用的"启发式"一词则主要是指推理过程中发生在注意之前的加工，其功能是选出与推理有关联的信息并将其送到分析式加工阶段去进行进一步的加工。

Evans 在 1989 年出版的《人类推理中的偏差：原因和结果》专著中，对有关双重加工理论的推理两阶段加工模型图进行了修改，如图 5-2 所示。

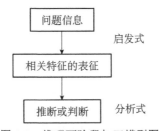

图 5-2　推理两阶段加工模型图

资料来源：Evans, J.（1989）. *Bias in Human Reasoning：Causes and Consequences*. Hove：Lawrence Erlbaum Associates

在 2006 年发表的《推理的启发式−分析式理论：扩展和评估》（"The heuristic-analytic theory of reasoning：Extension and evaluation"）一文以及 2007 年出版的《假设性思维：推理和判断中的双重加工》专著中，Evans 又将他提出的双重加工理论的模型图进行了修改，如图 5-3 所示。

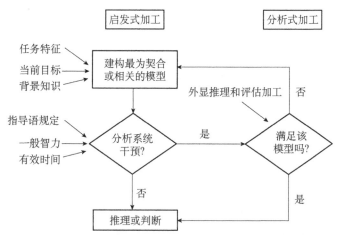

图 5-3　修正的"启发式加工-分析式加工"理论模型图

资料来源：Evans，J.（2006）. The heuristic-analytic theory of reasoning：Extension and evaluation. *Psychonomic Bulletin & Review*，13，378-395；Evans，J.（2007）.*Hypothetical Thinking：Dual processes in Reasoning and Judgement.* Hove：Psychology Press

3. 不言自明的加工-外显加工阶段

1989 年，Evans 出版了《人类推理中的偏差：原因和结果》一书。1996 年，Evans 又与 Over 合作出版了《理性与推理》一书。在该书第七章"思维的双重加工理论"中，作者指出，"目前我们所说的双重加工理论既不偏爱系列模型也不偏爱冲突模型，而是倾向于交互作用模型。笔者同意由 Evans（1989）提出的下列观点：①对问题表征和聚焦的加工反应主要是通过不言自明的加工（或译为不用言语表达的加工）实现的。②推理和活动经常是在没有外显系统（explicit system）干预的情况下内隐加工（implicit processes）的结果。③当我们通过推理抽取结论和做出决策时，这些活动既能反映不用言语表达的加工又能反映外显的加工"。

Evans 等进一步指出，这种双重加工交互作用的实质在于这样的事实，即我们有意识的思维过程总是通过不言自明的加工、前注意的加工（pre-attentive processes）所定型（shaped）和定向（directed）的。具体而言，这一版本的双重加工理论包括以下两方面的假设：①所谓不言自明的加工主要反映的是受生物学意义上限制的学习，人们对如何达成目标已然心中有数。Evans 等认为，显然这种内隐系统的主要好处是它能使个体具有很高的计算能力，使其在信息加工过程中能很快地加工复杂的活动。②与此相反，外显思维的特点是缓慢的，在加工能力上是有局限的。外显思维一方面是与意识相联系，另一方面也是与语言相联系的。这种意识流不仅加工资源有限，而且在能力上明显也是固定不变的。

从上述对双重加工理论的论述中可知，从内涵方面看，Evans 等基于在每种加工中加上许多特征的描述，继承了过去版本中有关"潜意识–意识"的内容；从称谓方面看，Evans 等既保留了"启发式加工–分析式加工"两阶段的称谓，又使用了"不言自明的加工–外显加工阶段"的称谓。

4. 系统 1–系统 2 阶段

正如第一章所述，截至 20 世纪末，有许多不同的学者提出了自己的双重加工理论，并且这些模型已经被广泛地应用于认知心理学和社会心理学等不同心理学研究领域中，众多不同称谓的双重加工理论虽然在内涵上稍有不同，但主要观点是一致的，即都认为在人类的思维和推理中潜存着两个完全不同的认知系统，并且二者有着不同的进化历史。其中，Stanovich（1999）提出了"系统 1–系统 2"这组称谓，将其作为这两个完全不同的认知系统的名称。

2003 年，Evans 在《认知科学的发展趋势》（*Trends in Cognitive Sciences*）期刊上发表了《两种心灵：推理的双重加工解释》（"In two minds：Dual process accounts of reasoning"）的重要文章。五年后，他在《心理学年度评论》（*Annual Review of Psychology*）期刊上发表了《推理、判断和社会认知的双重加工理论》（"Dual-processing accounts of reasoning，judgment and social cognition"），该文又将其理论的解释功能扩展到人类判断和社会认知领域（Evans，2008）。在这两篇文章中，他都提到，由于近年来心理学界有比较多的学者提出了各自的双重加工理论，为了便于沟通，他将使用由 Stanovich 等（1999）所使用的更为中性的"系统 1 和系统 2"来表达他提出的双重加工理论。

根据 Evans 于 2003 年发表的文章，他所使用的这种"通用形式的双重加工理论"所包含的双重加工理论的内涵一般可表述为：系统 1 是一种人类和动物共有的普遍认知形式，一般认为，从本质上说，系统 1 的加工特征是快速、平行、自动化的，通过这种加工，只有最后的加工结果才会被输入到意识中去。在 2008 年发表的文章中，其相应的描述是"系统 1 涉及的是潜意识、快速、自动和高能力的加工"（Evans，2008）。系统 2 在人类进化史上则出现得比较晚，大多数理论家认为只有人类才有系统 2。系统 2 的加工特征是慢速的、序列化、控制的和分析式的，需要工作记忆系统的参与。虽然系统 2 在操作速度上有一定的局限，但只有系统 2 才能进行抽象的假设思维，系统 1 是不能进行抽象假设思维的。在 2008 年发表的文章中，其相应的描述是"系统 2 涉及的则是意识、缓慢和深思熟虑的加工"（Evans，2008）。

从以上描述中可知，Evans 在这一时期所主张的双重加工理论虽然使用"通用形式"的称谓，但其内涵仍然试图与他早期的"潜意识-意识"内容相联系。

5. 回归到具有新内涵的"类型 1-类型 2"阶段

2010 年，Evans 出版了他的专著《双重思考：一个大脑，两种心灵》。与他过去提出的双重加工理论的内涵相比较，该书中提出的双重加工理论的内涵或许在以下两个方面有很大的不同：一是对双重加工理论的称谓回归到该理论最初使用的"类型 1-类型 2"；二是将双重加工理论的内涵上升到哲学层面来加以论述。下面我们分述之。

Evans 在该书附录中指出，他将不再使用"系统 1-系统 2"而是回归使用"类型 1-类型 2"来论述他的双重加工理论的内涵，这样做的原因主要包括以下几点：①在一个系统水平的分析中，用"系统 1-系统 2"的名称会带来一系列的问题（他在 2006 年的文章中曾经指出过这些问题）；②由于对类型 1 和类型 2 的加工都可能存在两种心灵的反应，因此显然不可能只有两种系统；③作为用"系统 1-系统2"来称谓"双重加工系统"的主要提出者 Stanovich 从 2004 年起也已经放弃使用这一提法，转而使用"TASS"（the autonomous set of subsystems，独立子系统集合）的名称来论述其双重加工理论的相应观点。

基于上述原因，该书对双重加工理论的内涵表述为："在过去的 20 多年中，心理学对有关人类学习、思维、决策和社会判断等领域中有关'双重加工'的研究显然有很大的发展。其中，一种加工（即类型 1）被描述成是快速的、自动的并有能力同时加工大量信息的加工；另外一种加工（即类型 2）是缓慢的、系列的、加工能力有限且明显是受意识控制的加工。"

Evans 与 Stanovich（2013）在共同署名发表的文章中指出，界定"类型 1 加工"的特征在于其生物学意义上的"自发性"，这种加工不需要控制性注意的参与，因此几乎不耗损任何工作记忆的资源，其加工速度是快速的，加工方式是联想性的。"类型 2 加工"是以下列属性为基础的：这种加工在速度上是缓慢的，其加工方式是系列加工，并且是与一般智力的测量相关联的。

将上述 Evans 对其双重加工理论的论述与前述 2003 年的文章中有关"系统 1-系统 2"的内容进行对比可知，其内涵并没有太大的改变，但称谓却回归到"类型

1–类型 2"的提法上了。

二、双因素理论

1982 年，Evans 在其《演绎推理心理学》专著中提出的修正版的双重加工理论除了用"非言语-言语"取代"无意识-意识"作为区分"类型 1–类型 2"两种加工类型的标志性特征之外，还明确指出其修正版的双重加工理论与他提出的另外一个理论，即双因素理论是密切关联的。

Evans 提出的双因素理论包含两组相关概念：①非逻辑加工（non-logical processes）和逻辑加工（logical processes）；②非理性加工（irrational processes）和理性加工（rational processes）。

Evans 在论述其双重加工理论与其双因素理论的相互关系时指出：类型 1 加工的特征是非言语的（non-verbal），且是在非逻辑反应基础上的加工，简言之，类型 1 的加工以非逻辑加工为基础的；类型 2 加工的特征则是言语的（verbal），这种加工的操作具有逻辑或解释要素的参与，是由思维过程中的言语-理性系统所引发的加工。简言之，类型 2 的加工属于逻辑加工，并且是由思维的言语-理性系统所引起的。

此外，他在这一专著中还指出，可以将推理的操作成分区分为"逻辑"和"非逻辑"两种类型：逻辑成分反映的是推理者对与推理任务的逻辑结构相关的反应，这种反应并不一定是逻辑正确意义上的"逻辑"；非逻辑成分反映的是推理者对与推理任务的逻辑结构不相关的反应。

从上述 Evans 的有关论述看，在 1982 年的专著中，虽然他提出的双因素理论观点中已经涉及哲学意义上的理性与非理性的关系问题，但其内涵主要涉及的则是逻辑加工与非逻辑加工的相互关系。

1996 年，Evans 与 Over 合作出版了《理性与推理》一书。该书在论述人类理性与推理过程中的逻辑加工的相互关系时，首先指出他们基本上认同 Flanagan 于 1984 年提出的观点："通常理性是完全等同于逻辑的，只有一方面能系统地举例说明遵循了归纳逻辑（统计、概率），另一方面能系统地举例说明遵循了演绎逻辑（数学科学）的思维才是理性的。"

然后，Evans 与 Over 明确指出："我们坚信人类的认知依赖于两个不同的系统"。若把"理性"等同于"逻辑"，那么，Evans 早先提出的双因素理论中的"非逻辑加工–逻辑加工"这组概念也就有了另外一组与之相对应的概念，即"非理性加工–理性加工"，其中，非理性加工等同于非逻辑加工，理性加工等同于逻辑加工。在《理性与推理》一书中，Evans 等使用"理性 1"（rationality-1）一词来表示非理性加工，使用"理性 2"（rationality-2）一词来表示理性加工。这两组概念的相互关系如下：我们称之为"不言自明或内隐系统"（the tacit or implicit system）主要由理性 1 负责，理性 1（即内隐系统）执行的是平行加工方式，其特点是计算能力是强有力的，只有其最终产品才能进入意识领域；我们称之为"外显系统"（the explicit system）则主要由理性 2 负责，理性 2（即外显系统）执行的是系列加工方式，其特点是含有人类意识的参与，并能通过语言报告出来。从上述 Evans 的论述可知，他对以"理性 1–理性 2"命名的双因素理论的论述，与后来他对"系统 1–系统 2"观点的论述在内容方面基本上是大同小异的。

三、两种心灵假设

2010 年，Evans 在《双重思考：一个大脑，两种心灵》一书中，从某个新的视角切入重新对他的理论加以论述，将他几十年来对双重加工理论的提法改为"两种心灵假设"。

Evans 在该书中指出，"我所说的'两种心灵假设'是以这一观点为基础，即由于在认知过程中存在着以类型 1 加工和类型 2 加工为基础的两种完全不同的认知系统，因此在一个大脑中就存在两种心灵"（Evans，2010）。

换言之，Evans 的提出的"两种心灵模型"（the two minds model）是以他过去一贯主张的双重加工理论为基础的，他还指出，由于我们的很多心理功能是潜意识层面的这一事实，因此我们与外部世界的互动就存在着两种不同方式的认识和信念，以及两种不同方式的思维和活动等。具体地说，对于外部世界的认识，我们大致可以有以下两种不同的方式加以解释。

1）主要执行（the chief executive）模型，它属于日常生活的或朴素心理学的解释方式，其内涵如图 5-4 所示。这一模型最重要的特征是，人类的所有行为都是在意识控制下完成的。Evans 认为，哲学领域中有关二元论的观点就属于这种解释方式，这是一种较为肤浅的解释方式。

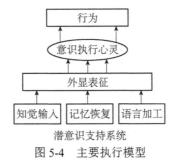

图 5-4　主要执行模型

2）两种心灵模型的解释，这是与主要执行模型完全不同的解释方式，其内涵如图 5-5 所示。

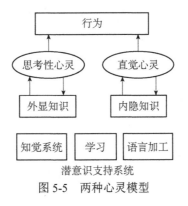

图 5-5　两种心灵模型

图 5-5 所示的两种心灵模型主要包含以下几层意思：①"思考性心灵"（reflective mind，又称深思熟虑型心灵）能控制我们的某些行为，但其控制程度远远不如图 5-4 中所示的主要执行模型。我们的绝大多数行为都是由没有涉及任何有意识的认知加工的"直觉心灵"（intuitive mind）控制的。②这两种心灵与不同各类的知识相联系：思考性心灵与外显记忆中的知识相联系，直觉心灵与内隐记忆中的知识相联系。③与这两种心灵有关的学习、知觉、语言加工等心理活动都需要潜意识系统的支持。④不可以简单地把思考性心灵视为有意识的心灵，把直觉心灵视为潜意识的心灵。事实上，思考性心灵并不完全是有意识的，直觉心灵也并不完全是潜意识的，这两种心灵都包含着意识和潜意识两种支持系统。⑤在吸收众多学者研究成果的基础上，Evans 认为，这两种心灵分别具有不同的属性，如表 5-1 所示。

表 5-1 经常与认知的双重系统理论相联系的属性

直觉心灵	思考性心灵
古老进化的	晚近进化的
与动物共有	人类独有
潜意识，前意识	意识
高能力	低能力
快速	慢速
自动的	控制的或有意的
努力程度低	努力程度高
平行的	系列的
内隐知识	外显知识
情境性的，以信念为基础	抽象的，非情境性的
与情绪相联系	与情绪没有直接联系
在一般智力和工作记忆能力方面与个体差异无关	在一般智力和工作记忆能力方面存在个体差异
生态或进化理性	正常的理性

第三节　Evans 的双重加工理论的主要实验证据

根据 Evans（2003）中的论述，其双重加工理论得到来自以下三方面研究成果的支持：①在三段论推理研究中发现的信念偏差效应（belief-bias effect）；②在四卡问题研究中发现的匹配偏差效应（matching bias effect）；③神经心理学（neuropsychological）方面的研究成果。

上述三方面的证据中，除了信念偏差效应是 Evans 在自己设计实施的实验研究中首先发现的之外，其他两个方面的证据都是引用他人的研究：其中，匹配偏差效应主要引用 Griggs 和 Newstead（1982）的研究；神经心理学方面的研究成果主要引自 Goel 等分别于 2000 年和 2003 年发表的两篇文章。本节在重点介绍 Evans 自己发现的信念偏差效应的证据后，将简要提示匹配偏差效应与 Griggs 和 Newstead（1982）的研究之间的相互关系。

一、三段论推理过程中的信念偏差效应

双重加工理论提出后，Evans 认为支持该理论最为经典的实验证据是他和 Barston、Pollard 两位学者合作于 1983 年在《记忆与认知》（*Memory & Cognition*）杂志上发表的《论三段论推理中的逻辑与信念冲突》（"On the conflict between logic and belief in syllogistic reasoning"）一文所报告的实验结果。正如本章第一节所述，他所提出的双重加工理论的内涵经历了多次变更，但无论这一理论的内涵怎么变化，Evans 认为都可以得到他和合作者于 1983 年的实验研究中所发现的信念偏差效应的实验结果的支持。该文首先回顾了 Revlin 等的研究（Revlin & Leirer，1978；Revlin et al.，1980），指出了这些研究中可能存在的有关理论模型（转换模型）和实验设计等方面的三个问题。

第一个问题是，上述研究在实验设计的方法论上存在一些问题。例如，Revlin 和 Leirer（1978）认为，以下三段论推理存在逻辑与信念的冲突：

所有的美国官员都不是阿拉伯酋长俱乐部成员
有些阿拉伯酋长是阿拉伯酋长俱乐部成员
所以，（a）所有的阿拉伯酋长都是美国官员
（b）所有的阿拉伯酋长都不是美国官员
（c）有些阿拉伯酋长是美国官员
（d）有些阿拉伯酋长不是美国官员
（e）上述所有结论都不对

研究者将前述结论中的（b）视为可信的，但在经验上结论（d）也是真实的。由于结论（d）在逻辑上也是正确的，Revlin 和 Leirer（1978）认为的"被试在选择结论时不会受其信念的影响"这一观点是有疑问的。

第二个问题是，Revlin（1975a，1975b）在研究中主要选取有效三段论作为实验材料，有证据表明这可能会低估信念偏差的影响。换言之，信念偏差在无效三段论中更明显（Kaufman & Goldstein，1967）。

第三个问题是，Revlin 和 Leirer（1978）没有控制气氛效应的影响，使得被试选择三段论结论时可能产生的偏差并不全是由逻辑所致，还可能是由前提中含有的句法学特征所致。

由于信念偏差的效应比气氛效应要弱，没有控制气氛效应的作用会掩盖信念

偏差的作用。事实上，在 Revlin 等（1980）的实验中，逻辑正确的结论也被气氛效应所支持，因此会高估被试的逻辑能力。

在对上述几方面的问题进行控制的基础上，Evans 等（1983）实施了三个实验来进一步揭示逻辑和信念的相互关系，结果表明，尽管对前提各种可能的转换进行了控制，但还是可以观察到明显的信念偏差。在此，我们仅对该文报告的实验一的详细内容加以介绍。

Evans 等（1983）实验一的研究目的是进一步揭示三段论推理中有关逻辑和信念的相互关系，他们除了像 Revlin（1975a，1975b）那样对两个前提的转换进行了控制之外，还对上述提到的三个方面的问题进行了控制。他们采用两因素重复测量实验设计。其中自变量 1 是推理形式的有效性，含有效（valid）和无效（invalid）两个水平；自变量 2 是前提内容的可信性，含可信（believable）和不可信（unbelievable）两个水平。自变量 1 通过实验材料中所包含的两个第二格的三段论推理形式反映出来，其中例 5-1 是能推出有效结论的三段论，例 5-2 则是不能推出有效结论的三段论。

例 5-1 第二格有效的三段论

所有的A都不是B

有些C是B

所以，有些C不是A

例 5-2 第二格无效的三段论

所有的A都不是B

有些C是B

所以，有些A不是C

注意，上述两个三段论都是第二格，但后者是传统三段论次序的逆反，因此，两个三段论的式效应是一样的，但其中结论形式为"C-A"的是有效形式，而结论形式为"A-C"的则是无效形式。

文章指出，之所以选择这两种三段论形式，是因为他们希望推理结论中的两个项在以某种次序呈现时，其推理结论都是"真"（true，T），而这两个项的逆反次序的推理结论都是"假"（false，F）。

自变量 2 通过三个命题所蕴含的内容得以反映。正式实验前，他们让 32 人对研究者列出的推理结论的可信性进行等级评估（这些人只做评定工作但没有参与实验），所有项目都通过七点量表评定获得：1 表示完全不可信，7 表示完全可信。各命题的真假值由两组（每组 16 人）被试分别进行评定。每位被试对上述四组命题中各一个命题进行评定，其中两个为"真"（T），两个为"假"（F），评定结果如

表 5-2 所示。结果表明，被评定的各组真假命题之间的差异明显。

表 5-2　三个实验中使用的推理结论的可信性的等级评定结果

类型	材料（三个实验都使用）	M	SD
T	一些高度训练的狗不是警犬	6.44	0.89
F	一些警犬没经过高度训练	2.75	1.84
T	一些营养物品不是维生素片剂	5.75	2.11
F	一些维生素片剂不是营养物品	3.81	1.64
T	一些令人上瘾的物品不是香烟	6.25	1.88
F	一些香烟不是令人上瘾的物品	2.81	1.64
T	一些有钱人不是百万富翁	5.94	1.57
F	一些百万富翁不是有钱人	3.00	1.90

　　研究者根据上述实验思路设计了四种不同类型的范畴三段论推理题作为实验材料：①形式有效并且结论可信的范畴三段论推理题（例 5-3）；②形式有效但结论不可信的范畴三段论推理题（例 5-4）；③形式无效但结论可信的范畴三段论推理题（例 5-5）；④形式无效并且结论不可信的范畴三段论推理题（例 5-6）。

例 5-3
所有的香烟都不是价格不贵的
有些令人上瘾的物品是价格不贵的
所以，有些令人上瘾的物品不是香烟

例 5-4
所有的令人上瘾的物品都不是价格不贵的
有些香烟是价格不贵的
所以，有些香烟不是令人上瘾的物品

例 5-5
所有的令人上瘾的物品都不是价格不贵的
有些香烟是价格不贵的
所以，有些令人上瘾的物品不是香烟

例 5-6
所有香烟都不是价格不贵的
有些令人上瘾的物品是价格不贵的
所以，有些香烟不是令人上瘾的物品

　　上述四个范畴三段论推理题都包括"推理形式的有效性"和"结论的可信性"这两个因素，其中，在例 5-3 和例 5-6 中，这两个因素之间是没有冲突的；而在例 5-4 和例 5-5 中，这两个因素之间则是有冲突的。

　　总的来说，让每位被试求解的四道推理题中，就"推理形式的有效性"这一因素来说，两道推理题是有效形式，另外两道则是无效形式；就"结论的可信性"这一因素来说，两道推理题是结论可信的，另外两道则是结论不可信的。

　　实验过程中，每一位被试看到的这四类问题的具体内容都不一样。为了减少任务的人为性，不同的问题以长度约为 80 个词的散文段落形式呈现给被试。四种不同类型的段落都取自公开发表的文章，其主题内容分别为：① "警犬行为"的公众反应；②对第三世界国家提供的援助；③减少人们吸烟数量的企图；④健康和繁重工作之间的关系。

　　下面是一段有关"警犬行为"的公众反应的文章：

　　　　家犬通常都会广泛用于守卫家庭财产或用于导盲等。所有高度训练的狗都不是凶恶的。然而，很多人认为家犬性格喜怒无常因而是不可信任的。公安人员经常在他们的工作中使用警犬。有些警犬是凶恶的，有时甚至是致命的，但仍然得到广泛使用。

　　如果这一段内容是真实的，那么是否可以得出如下结论：有些高度训练的狗不是警犬（这一结论是无效的，但却是可信的）？

　　上述这一段话中蕴含着以下第二格形式无效但结论可信的三段论：

所有高度训练的狗都不是凶恶的
有些警犬是凶恶的
―――――――――――――――――
所以，有些高度训练的狗不是警犬

　　英国普利茅斯艺术学院的 24 名大学生有偿参加了这一实验研究，他们之前都没有受到过逻辑学的专业训练。研究者采用个别测试的方式对被试进行测试，在实验过程中，通过将文字打印在卡片上的方式将问题和指导语呈现给被试，指导语如下：

　　　　这是一项检测人们推理能力的测验。接下来将给你呈现四个问题，每个问题都需要你在阅读完一段短文后回答在逻辑上是否可以从中推导出某种结论，你应该在假定短文中的信息是真实的基础上来进行推断。如果你认为短文中提供的结论可以从前述论述中推论出来，就请回答"对"，否则就请回答"错"。请认真思考直到你认为得出了正确的答案。在你报告推断结果后，我会继续要求你对该结论是否有效提供解释。在进行正式测验前，你还有什么问题吗？

主试按顺序每次一张依次呈现所有问题，每个问题卡片自呈现给被试后一直到他给出推理结果才消失。每一位被试都对四种不同类型的段落蕴含的三段论问题进行解题，因变量为被试对结论的接受率与解释报告。研究者通过录音设备记录下被试的口头反应以便将来分析之用。被试在每类问题上接受结论（即相信是有效结论）的百分比如表 5-3 所示。

表 5-3　被试在三个实验中对结论的接受率　　　　　单位：%

实验	形式有效		形式无效	
	结论可信	结论不可信	结论可信	结论不可信
实验一（n=24）	92	46	92	8
实验二（n=32）	91	53	69	3
实验三（n=32）	91	53	66	9

Evans 在 2003 年发表的文章中，根据 Evans 等（1983）的实验数据整理了该研究的实验结果（图 5-6）。

Evans 等（1983）对前述实验一的结果进行假设检验后指出，正如研究者所预测的那样，表 5-3 中的数据反映出实质性的信念偏差（即在所有问题中接受可信结论的倾向性都比接受不可信结论的倾向性更高，$p<0.01$）。

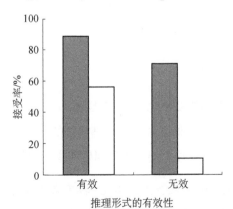

图 5-6　三段论推理中的信念偏差效应示意图

资料来源：Evans，J.（2003）. In two minds：Dual process accounts of reasoning.
Trends in Cognitive Sciences，7，454-459

对表 5-3 中的数据做进一步分析发现，被试在有效三段论中接受结论的倾向性显著高于无效三段论（$p<0.02$），并且两个自变量之间的交互作用也显著（$p<0.05$）。

上述实验结果表明，当逻辑与信念相适应时，被试的推理有非常高的正确率；而当逻辑与信念有冲突时，被试推理的正确率则大大降低。

Evans 认为，他提出的双因素理论能很好地解释这一实验结果，换言之，该研究的推理结果反映出推理过程中确实存在"逻辑倾向"和"非逻辑倾向"之间的竞争。

基于推理结果的对/错反应，被试的解释报告结果按照以下两个标准进行计分：①推理的参考信息是否出现两个逻辑相关前提；②推理的参考信息是否出现段落中的或是额外不相关的信息（表 5-4）。

表 5-4　不同反应中基于两个标准的解释报告分类频次结果（$n=24$）

条件	参考标准	两个前提		无关信息	
		对反应	错反应	对反应	错反应
有效-可信	提到	9	1	9	1
	未提到	13	1	13	1
有效-不可信	提到	6	2	2	8
	未提到	5	11	9	5
无效-可信	提到	6	1	14	1
	未提到	16	1	8	1
无效-不可信	提到	1	2	1	13
	未提到	1	20	1	9

注：斜体表示的是正确反应

表 5-4 关注的是"逻辑"和"信念"两种因素的冲突对推理者进行决策的影响。如果被试是理性的，那么就可以预期解释报告结果和推理反应会产生交互作用，即做出逻辑反应的被试会更多地参考两个前提，偏好信念的被试在推理中则会更多地参考无关信息。如果被试的解释报告结果被认为可以反映被试是基于什么实际信息进行推理的，那么这个预期也是成立的。我们只有在"有效-不可信"条件下才可以对这个假设进行验证，因为逻辑和信念有显著冲突，这个条件下的"对"反应和"错"反应几近平衡。结果表明在"有效-不可信"条件下，存在预期的显著交互作用，表现为在提到（即参考，下同）无关信息条件下，不同推理反应（"对"反应和"错"反应）之间有显著差异（$p=0.026$）；但在提到逻辑前提条件下，不同推理反应之间的差异不显著。被试在"无效-可信"条件下的反应也值得注意。被

试在提到无关信息（根据信念）的基础上接受推理结论的比例最高，而在提到逻辑
前提的基础上接受推理结论的比例则最低。

2008 年，Evans 在他发表的《推理、判断和社会认知的双重加工解释》一文中
将上述 1983 年的主要研究结果重新表述如下：①逻辑的主效应显著，有效结论比
无效结论更容易被接受。②信念（偏差）的主效应显著，可信结论比不可信结论
更容易被接受。③两因素的交互作用显著，可信偏差在无效三段论中的效应更为
明显。

在 2010 年出版的《双重思考：一个大脑，两种心灵》一书中，Evans 主要根据
上述 1983 年的研究结果，结合他在该书中所论述的直觉性心灵与思考性心灵等概
念，对信念偏差效应的内涵给出了更为完整的阐述：①如果我们忽略信念因素的影
响而对"有效"和"无效"问题进行比较，可以发现人们对有效结论的接受度远远
高于后者，这说明推理者会根据指导语，使用他们的思考性心灵对逻辑问题进行推
理。②但是，如果我们忽略有效性因素的影响而对"可信"和"不可信"问题进行
比较，可以发现人们会忽视指导语的影响而更多地接受可信结论。③需要注意，当
命题有效而结论不可信或者命题无效而结论可信时，被试根据"信念"和"逻辑"
这两个因素会推导出不同答案。推理者在面对这样的问题时，其直觉性心灵与思考
性心灵之间就会产生冲突。在这种情况下，推理者有时会根据信念，有时则会根据
逻辑来选取结论。同一推理者会在某个问题的推理中表现为直觉性心灵，而在另一
个问题的推理中表现为思考性心灵。

二、Wason 四卡问题研究中的匹配偏差效应

Evans 指出，所谓匹配偏差效应是指推理者在推理过程中会把关联信息与命题
中所描述的语义内容相匹配，并且使因忽视有关信息而未能正确匹配的结果得以
逆转的一种心理倾向（Evans，2003）。

Evans（2003）认为，上述定义中有关"推理者在推理中会把关联信息与命题
中所描述的语义内容相匹配"的观点，可以通过第二章所述的 Wason 四卡问题实
验范式，分别使用抽象材料与具体材料所得到的两种实验结果的差异得到反映。当
推理者求解的是以抽象材料构成的四卡问题时，正确的选择为翻开"P 和非 Q"两

张卡片，但选择正确率不到 10%；而当推理者求解的是以具体材料构成的四卡问题时，Griggs 和 Newstead（1982）的实验结果表明，有高达 74.1%的推理者做出了正确的选择。

Evans 认为，推理者在由具体材料构成的 Wason 四卡问题上比由抽象材料构成的 Wason 四卡问题上有更高的正确率，就是匹配偏差效应所致。Evans 认为，Griggs 和 Newstead（1982）的这一实验结果支持了他提出的双重加工理论。

第四节　简　要　评　价

一、主要贡献

首先，Evans 首先提出的双重加工理论对认知心理学理论的发展起到了很好的推动作用，影响了后来的很多学者。

2008 年，Evans 在 Stanovich（1999）的基础上，对不同学者提出的双重加工理论做了新的整理和补充。2010 年，他将不同学者对人类认知的双重加工解释与他最新提出的两种心灵假设相联系，两者的对应关系如表 5-5 所示。

表 5-5　不同学者对人类认知的双重加工解释与两种心灵假设的对应关系

序号	研究者	直觉心灵	思考性心灵
1	Reber（1993）	内隐的	外显的
2	Epstein（1994）；Epstein & Pacini（1999）	经验的	理性的
3	Chaiken（1980）	启发式的	系统的
4	Evans（1989，2006）	启发式的	分析式的
5	Sloman（1996）	联想的	以法则为基础的
6	很多学者	自动化的	控制的
7	Stanovich（1999）	系统 1	系统 2
8	Hammond（1996）	直觉的	分析的
9	Lieberman（2003）	本能反应的	思考性的
10	Nisbett 等（2001）	全面的	分析的
11	Wilson（2002）	自适应潜意识	意识

总之，正如前文所述，Evans 是首先提出双重加工理论的学者，其内涵与他提出的双因素理论交织在一起并不断发展，在不同的发展阶段具有不同的内涵。正如他在 2010 年的书中所指出的那样，他提出的"两种心灵假设"的理论内容已经不专属于任何一个学者，而是由很多学者共同完成的。

其次，在西方众多学者提出的双重加工理论中，Evans 是最初的提出者，其双重加工理论的内涵又最具代表性，因此，著名认知心理学家 Eysenck 在其与 Keane 合著的《认知心理学》教科书第 5 版（2005）介绍的演绎推理理论中就列有 Evans 提出的双重加工理论，在第 6 版（2010）只介绍三种演绎推理理论的情况下仍然保留了 Evans 提出的双重加工理论。2018 年，De Neys 等还出版了《双重加工理论 2.0》一书，其中也包含 Evans 的一篇文章。

最后，从某种意义上说，Evans 的双重加工理论内涵的最新表述，即"一个大脑，两种心灵"也是符合马克思主义哲学中的对立统一观点的，即所有事物内部都存在对立统一的两方面。

二、主要问题

通过 Evans 和 Stanovich 于 2013 年合作发表的文章可以知道，推理心理学领域的其他研究者对双重加工理论的批评主要包括以下五个方面：①不同的双重加工理论家给出的定义不一样，且含糊不清；②不同的双重加工理论所提出的多种内在属性不能相匹配；③两类加工之间应该是连续体，不应该是不连续的、分离的；④单一加工模型也可以替代解释双重加工现象；⑤支持双重加工的实证数据含糊不清或没有充分的说服力。

笔者认为，Evans 提出的双重加工理论除了存在上述提到的几个问题之外，也许还存在对"逻辑加工"和"理性加工"这两个不同的概念解释不当的问题。

如前所述，Evans 的双重加工理论与其双因素理论是交织在一起的。其中，双重加工理论的内涵主要是指"类型 1-类型 2"两种不同类型的推理加工，双因素理论的内涵则包含"非逻辑加工-逻辑加工"和"非理性加工-理性加工"两个不同的维度。虽然 Evans 是从不同视角对双重加工理论和双因素理论进行论述的，但也经常将类型 1 加工与非理性加工相联系，将类型 2 加工与理性加工相联系，甚至在很多论述中直接把非逻辑加工等同于非理性加工，把逻辑加工等同于理性加工。

笔者认为，Evans 的上述观点似乎有不妥之处。"理性"（或理性认识，rational cognition）一词是相对于"感性"（或感性认识，perspective cognition）的一个哲学概念。根据《中国大百科全书·第 14 卷》（第二版），理性认识是指认识过程的高级阶段和高级形式，是人们凭借抽象思维把握到的关于事物的本质、内部联系的认识。理性认识以抽象性、间接性、普遍性为特征，以事物的本质、规律为对象和内容（《中国大百科全书》总编委会，2009）。理性认识包括概念、判断和推理三种形式。"逻辑"这一概念则是指以推理形式为主要研究对象的科学。其中，"推理"一词的含义则是从一个或一些已知命题中得出新命题的思维过程。

从上述有关理性和逻辑两个概念的内涵看，这是两个具有不同内涵的概念，因此，简单地将非逻辑加工等同于非理性加工、将逻辑加工等同于理性加工是不适合的。

第六章

Oaksford 等的条件推理的条件概率模型

第一节　条件推理的条件概率模型的提出和发展

第二章曾介绍条件推理的心理学研究,其中表 2-7 列出了逻辑学关于充分条件假言命题"如果 P,那么 Q"的四种条件推理形式,为分析方便,现在再列出,如表 6-1 所示。第二章还曾指出,心理学对条件推理的研究主要包括三种实验范式:①演绎推理实验范式;②Wason 四卡问题实验范式;③概率推理实验范式。其中心理学对所谓 Wason 四卡问题实验范式的研究实质上是对演绎推理中有关"条件推理"的变通研究。

表 6-1　包含充分条件假言命题"如果 P,那么 Q"的四种条件推理形式

MP	DA	AC	MT
如果 P,那么 Q	如果 P,那么 Q	如果 P,那么 Q	如果 P,那么 Q
P	非 P	Q	非 Q
所以,Q	所以,非 Q	所以,P	所以,非 P

1994 年,Oaksford 和 Chater 在对 Wason 四卡问题的心理加工过程进行实验研究的基础上,在美国心理学会主办的著名学术期刊《心理学评论》上发表了《作为最佳数据选择的选择任务的理性分析》("A rational analysis of the selection task as optimal data selection")一文,该文首次表述了一个通过概率方法(probability approach)来解释 Wason 四卡问题的理论模型,他们把这一模型称为"最佳数据选择模型"(optimal data selection model,ODSM)。国内外学者对 Oaksford 等的最佳

数据选择模型做了较为全面的介绍（Eysenck & Keane，2000；余达祥等，2008）。

在之后的发展过程中，Oaksford 和 Chater 合作发表了大量的学术文章和专著，在理论上对他们提出的旨在解释"人们如何在概率条件下进行条件推理"的理论不断进行更新和发展，在实验方法上也与过去研究条件推理的演绎推理实验范式和 Wason 四卡问题实验范式不同，我们把这种实验范式称为"概率推理实验范式"。

根据其理论内涵的变化，我们大致可以把 Oaksford 和 Chater 提出的理论划分为三个阶段：①最佳数据选择模型阶段（1994—2000 年）；②未区分先后验概率的条件推理的条件概率模型阶段（2000—2007 年）；③对先后验概率做出区分的条件推理的条件概率模型阶段（2007 年至今）。下一节我们将对 Oaksford 和 Chater 提出的这一理论三个阶段的不同内涵分别加以介绍。

第二节　条件推理的条件概率模型的主要内容

一、最佳数据选择模型

如前所述，Oaksford 等在最初提出他们的概率理论时，主要目的是试图对第一章所述的 Wason 四卡选择任务的心理加工过程做出更好的理论解释。Oaksford 等认为，被试在 Wason 四卡选择任务上的表现，可以用基于贝叶斯定理的最佳数据选择理论（optimal data selection model）来解释（Oaksford & Chater，1994，2003；Oaksford et al.，1997）。总的来说，大致可以从以下几个方面来理解这一理论模型的基本观点。

1. 对假言命题中前件 P 和后件 Q 相互关系的两种假设

Oaksford 等在建构最佳数据选择模型时，首先对条件推理中所含的条件命题"如果 P，那么 Q"前后件的相互关系对推理行为的影响进行了剖析，认为对含有这一条件命题的推理取决于构成这一条件命题的前件 P 和后件 Q 的相互关系。

Oaksford 等认为，在 Wason 四卡问题的解决过程中，被试是通过选择数据来鉴别假设的。与 Wason 四卡选择任务相关的假设有以下两个。

假设 1：在"如果 P，那么 Q"这样的假言命题中，前件 P 和后件 Q 是相互关联的。例如，"如果按下按钮，汽车就会启动"。这种相互依赖的假设模式（即相互依赖模型）可以用符号"M_d"来表示。

假设 2：在"如果 P，那么 Q"这样的假言命题中，前件 P 和后件 Q 是相互独立的。例如，"如果按下按钮，汽车不会启动"。这种相互独立的假设模式（即相互独立模型）可以用符号"M_i"来表示。在此假设模式下，通过已知前件来推知后件，其概率为两个独立的随机事件同时发生的概率。

Oaksford 等认为，这两种模式中有关前件 P 和后件 Q 之间的概率计算关系如表 6-2 所示。

表 6-2　相互依赖模型 M_d 和相互独立模型 M_i 中的前后件概率计算关系表

项目	M_d		M_i	
	q	$-q$	q	$-q$
p	a	0	ab	$a(1-b)$
$-p$	$(1-a)b$	$(1-a)(1-b)$	$(1-a)b$	$(1-a)(1-b)$

注：a 代表前件 P（用小写字母 p 表示）出现的概率 $P(p)$，b 代表前件 P 不出现时后件 Q（用小写字母 q 表示）出现的概率 $P(q/-p)$

根据表 6-2，对于条件命题"如果 P，那么 Q"，在相互依赖模型 M_d 中：①前后件同时出现的概率完全取决于 p 出现的概率 $P(p)$，即 a。②由于前后件完全是相互依赖的关系，因此，p 出现而 q 不出现是不可能事件，其概率值为 0。③p 不出现而 q 出现的概率既取决于 p 出现的概率 $P(p)$ 的逆反，即 a 的逆反（$1-a$），又取决于 p 不出现时 q 出现的概率 $P(q/-p)$ 即 b，其概率值为两者的乘积。④前后件同时不出现的概率既取决于 p 出现的概率 $P(p)$ 的逆反，即 a 的逆反（$1-a$），又取决于 p 不出现时 q 出现的概率 b 的逆反（$1-b$），其概率值为两者的乘积。

对于条件命题"如果 P，那么 Q"，在相互独立模型 M_i 中：①由于前后件是相互独立的关系，因此前后件同时出现的概率既取决于 p 出现的概率 $P(p)$ 即 a，又取决于 p 不出现时 q 出现的概率 $P(q/-p)$ 即 b，其概率值为两者的乘积。②由于前后件是相互独立的关系，因此，p 出现而 q 不出现的概率既取决于 p 出现的概率 $P(p)$ 即 a，也取决于 p 不出现时 q 出现的概率 $P(q/-p)$ 的逆反，即 b 的逆反（$1-b$），其概率值为两者的乘积。③p 不出现而 q 出现的概率和前后件同时不出现的概率含义与该条件命题在相互依赖模型中第三点和第四点的含义相同。

2. 推理者完成 Wason 四卡选择任务时实际上是对最佳假设的可能性进行选择的过程

推理者完成 Wason 四卡选择任务时，实际上是从给定 n 个互相排斥和穷尽的可能假设（H_i）中选择一个最佳假设（H）的可能性的心理加工过程。

推理者在 Wason 四卡选择任务中，需要弄清楚的是卡片和数字的配置适合哪种假设。他们的任务是选出能为鉴别假设提供最大信息量的数据资料，而最富信息的资料是那些可使一个假设为真的不确定性降到最低的资料。Oaksford 等认为，根据 Shannon 和 Weaver（1949）在信息论方面的相关观点，可以通过以下公式来估计这些假设的不确定性或预测数 $I(H_i)$：

$$I(H_i) = \sum_{i=1}^{n} P(H_i)\log 2P(H_i)$$

3. 可以通过贝叶斯定理来求在已获得数据 D 的条件下求假设 $P(H_i)$ 的条件概率

当推理者翻过一张卡片后，就获取了数据 D，这时，推理者在已获得数据 D 的条件下继续求假设 $P(H_i)$ 的条件概率［即 $P(H_i / D)$］的计算公式如下：

$$I(H_i / D) = \sum_{i=1}^{n} P(H_i / D)\log 2P(H_i / D)$$

Oaksford 等指出，上式中的"$P(H_i / D)$"可以通过如下式所示的贝叶斯定理计算得到：

$$P(H_i / D) = \frac{P(H_i)P(D / H_i)}{\sum_{j=1}^{n} P(D / H_j)P(H_j)}$$

这个公式表明，已知数据 D 的假设 H_i 的后验概率（posterior probability）可根据每一假设 H_i 的先验概率（prior probability）和给定每一个假设 H_i 的 D 的似然性（likelihood）求出。

选择假设的先验概率是一个有争议的问题。举一个简单的例子，如果在一个情境中有 4 种可能的选择，那么每种选择发生的概率就是 0.25。在 Oaksford 和 Chater 的分析中，他们做了一个关于前件 P 和后件 Q 的重要假设，即它们的先验概率很低。

4. 一个情境中所获得的信息增量就是新数据出现后预测数减少的数量

Oaksford 等指出，在一个情境中所获得的信息增益（I_g，information gain）就是新数据出现后预测数减少的数量，用公式表示如下：

$$I_g = I\left(\frac{D}{H_i}\right) - I(H_i)$$

在这个理论中，一个更精确的测量指标，即期望信息增益 $E(I_g)$（expected information gain）被计算了出来，这就是对每一个结果的可能性进行权衡后所做决定的预测数，而不是先验的预测数。

一般来说，这个理论是根据概率论来分析所给推理问题的前提条件的。通过分析前提条件，我们可以预测从问题的所有可能结论中能够获取的信息的多少，同时根据能够获取信息的多少，我们也可以预测人们最有可能做出什么反应，即人们最有可能先推导出含信息量最大的结论，其次是含信息量稍大的结论。

总之，Oaksford 等认为，被试不会盲目翻转卡片，他们试图翻转能使假设的不确定度有最大降幅的卡片。这就涉及对翻转某卡片后可能出现的结果的后验不确定度的计算。例如，翻转 P 后出现 Q 或非 Q 的后验不确定度的计算。计算因翻转某卡片而出现的 M_d 和 M_i 不确定性的降幅，意味着这两个不确定度必须通过翻转 P 后出现的概率权重来度量。

从上述分析中可知，Oaksford 等的这一理论模型把推理者在 Wason 四卡选择任务中对不同卡片的选择视为合乎理性的心理加工过程。

二、未区分先后验概率的条件推理的条件概率模型

推理心理学家通常认为人们进行条件推理的心理加工机制与解决 Wason 四卡问题的心理机制是相通的。为了更好地从理论上来解释这种心理加工机制，Oaksford 等在提出上述最佳数据选择模型之后继续对该理论的内涵进行了充实和发展，于 2000 年将修改后的理论命名为条件推理的条件概率模型（Oaksford et al.，2000）。

胡竹菁（2008）曾对 Oaksford 等 2000 年版的条件推理的条件概率模型进行过较为详尽的评述。该文首先指出：条件推理的条件概率模型主要是试图从概率的角度来探讨条件推理（尤其是 Wason 四卡选择任务）的认知机制，分析推理者在进行推理时的心理加工过程怎样受到条件推理的前件概率、后件概率和某一事件出现后另一事件出现的概率等几个方面概率的影响，并通过一系列实证研究建立

了有关条件推理的条件概率模型。该文将这一模型的基本观点概括为如下四个方面。

1. 推理者对推理结论的认可度依赖于三方面的概率

根据条件推理的条件概率模型，从概率的角度分析，"如果 P，那么 Q"这一条件命题包含以下三方面的概率：第一，前件概率 $P(p)$：指该条件命题中前件 P 出现的概率，即前件 P 发生的可能性。第二，后件概率 $P(q)$：指该条件命题中后件 Q 出现的概率，即后件 Q 发生的可能性。第三，条件概率：指在条件命题中的前件（或后件）事件出现（或不出现）的条件下，该条件命题的后件（或前件）事件出现（或不出现）的条件概率，这包括与表 6-1 所示四种推理形式相对应的四种不同形式的条件概率：①$P(q/p)$，表示前件出现的条件下后件出现的条件概率。②$P(-q/-p)$，表示前件不出现的条件下后件不出现的条件概率。③$P(p/q)$，表示后件出现的条件下前件出现的条件概率。④$P(-p/q)$，表示后件出现的条件下前件不出现的条件概率。

2. 条件命题"如果 P，那么 Q"的前后件之间的概率计算关系可以用 2×2 列联表表达

根据条件推理的条件概率模型，对于条件命题"如果 P，那么 Q"所含上述几方面的概率，Oaksford 等用小写字母 a 来表示前件 P 出现的概率值 $P(p)$，用小写字母 b 来表示后件 Q 出现的概率值 $P(q)$，用字母 ε 来表示在前件 P 出现的条件下后件 Q 不出现的条件概率值，即 $P(-q/p)$。Oaksford 等把 ε 称为例外参数（exceptions parameter）。

在上述假定条件下，他们认为可以用如表 6-3 所示的 2×2 列联表来表达"如果 P，那么 Q"这一条件命题前后件之间的概率计算关系。

表 6-3　条件命题"如果 P，那么 Q"前后件之间的概率计算关系表

项目	q	$-q$
p	$a(1-\varepsilon)$	$a\varepsilon$
$-p$	$b-a(1-\varepsilon)$	$(1-b)-a\varepsilon$

注：其中 $a=P(p)$，$b=P(q)$，$\varepsilon=P(-q/p)$。

将表 6-3 与表 6-2 相比较可以看出，条件推理的条件概率模型与 1994 年提出的最佳数据选择模型的最主要差别是增加了一个例外参数 ε。

3. 求取几种主要条件推理形式的推理结果概率值的数学表达式

根据逻辑学有关知识，"如果 P，那么 Q"这一条件命题主要有如下几种推理形式：①MP：如果 P，那么 Q。②DA：如果非 P，那么非 Q。③AC：如果 Q，那么 P。④MT：如果非 Q，那么非 P。

Oaksford 等认为，推理者对上述四种条件推理（即 MP、DA、AC、MT）的认可程度主要与范畴前提的概率（在给定范畴前提的条件下得出相应结论的概率）成正比。

利用表 6-3 中所列的各种概率计算关系，就可以用方程来表示"如果 P，那么 Q"这一条件命题的四种推理形式的概率，也可以用方程来表示这四种推理形式的逆反形式的概率（表 6-4）。

表 6-4　各种条件推理概率值的表达形式

项目	表达形式	其逆反的表达形式
MP	$P(q/p)=1-\varepsilon$	$P(-q/p)=1-P(q/p)$
DA	$P(-q/-p)=(1-b-a\varepsilon)/(1-a)$	$P(q/-p)=1-P(-q/-p)$
AC	$P(p/q)=a(1-\varepsilon)/b$	$P(-p/q)=1-P(p/q)$
MT	$P(-p/-q)=(1-b-a\varepsilon)/(1-b)$	$P(p/-q)=1-P(-p/-q)$

那么，我们应怎样理解表 6-4 中各种表达形式的具体含义呢？

首先，我们来看表 6-4 中 MP 的条件推理结果的表达式 $P(q/p)=1-\varepsilon$ 的含义。由表 6-3 中有关条件命题前后件之间概率关系计算表明，前件 P 和后件 Q 之间的概率计算关系为 $a(1-\varepsilon)$，由表 6-4 可知，条件推理 MP 的含义是，在第二前提是肯定前件 P 的条件下，推理后件 Q 出现的条件概率值是多少。

如果我们用 $P(q/p)$ 代表条件推理 MP 的条件概率值，那么其分母是前件 P，如前所述，如果用小写字母 a 来表示前件 P 出现的概率值 $P(p)$，那么，相应的，在前件出现的条件下后件出现的条件概率，即 MP 的条件概率计算表达式就是：$P(q/p)=a(1-\varepsilon)/a=1-\varepsilon$。

换言之，该方程的含义是：对于第一前提为条件命题"如果 P，那么 Q"的条件推理，其 MP 的条件推理结果的概率值，即 $P(q/p)$ 等于多少，要视 ε 的大小才能确定。如果 ε 值很小，那么得出 MP 结论的条件概率就会很高。如前所述，在 $\varepsilon=P(-q/p)$ 中，ε 是指前件 P 出现的条件下后件 Q 不出现的条件概率值，如果把

$\varepsilon = P(-q/p)$ 代入表 6-3 中计算 MP 的公式，可得：$P(q/p)=1-P(-q/p)$，也就是说，对于第一前提为条件命题"如果 P，那么 Q"的条件推理，其第二前提"前提 P 出现的概率"与"前提 P 不出现的概率"是互补的，也就是说，如果 $P(-q/p)$（前提 P 出现的条件下后件 Q 不出现的条件概率）的值越大，那么，$P(q/p)$（前提 P 出现的条件下后件 Q 出现的条件概率）的值就会越小；反之，则 $P(q/p)$ 的值就会越大。

其次，我们来看表 6-4 中 DA 的条件推理结果的表达式 $P(-q/-p)=(1-b-a\varepsilon)/(1-a)$ 的含义。由表 6-3 可知，非 P 和非 Q 之间的概率计算关系为 $(1-b)-a\varepsilon$，由表 6-4 可知，条件推理 DA 的含义是，在第二前提是否定前件 P（即前件 P 不出现）的条件下，推理结论为非 Q（即后件 Q 不出现）的条件概率值是多少。

如果我们用 $P(-q/-p)$ 代表条件推理 DA 的条件概率值，那么其分母是前件 P 不出现，即非 P，如表 6-3 所示，如果用小写字母 a 来表示前件 P 出现的概率值 $P(p)$，那么，非 P 的概率值就应该是其补数即 $P(-p)=(1-a)$，相应的，在前件不出现的条件下后件不出现的条件概率，即 DA 的概率计算表达式就是：$P(-q/-p)=(1-b-a\varepsilon)/(1-a)$。

再次，我们来看看表 6-4 中 AC 的条件推理结果的表达式 $P(p/q)=a(1-\varepsilon)/b$ 的含义。由表 6-3 可知，前件 P 和后件 Q 之间的概率计算关系为 $a(1-\varepsilon)$，由表 6-4 可知，条件推理 AC 的含义是，在第二前提是肯定后件 Q 的条件下，推理结论 P 出现的条件概率值是多少。

如果我们用 $P(p/q)$ 代表条件推理 AC 的条件概率值，那么其分母是后件 Q，如表 6-3 所示，如果用小写字母 b 来表示后件 Q 出现的概率值 $P(q)$，那么，相应的，在后件出现的条件下前件出现的条件概率，即 AC 的条件概率计算表达式就是：$P(p/q)=a(1-\varepsilon)/b$。

最后，我们再来看看表 6-4 中 MT 的条件推理结果的表达式 $P(-p/-q)=(1-b-a\varepsilon)/(1-b)$ 的含义。由表 6-3 可知，非 P 和非 Q 之间的概率计算关系为 $(1-b)-a\varepsilon$，由表 6-4 可知，条件推理 MT 的含义是，在第二前提是否定后件 Q（即后件 Q 不出现）的条件下，推理结论为非 P（即前件 P 不出现）的条件概率值是多少。

如果我们用 $P(-p/-q)$ 代表条件推理 MT 的条件概率值，那么其分母是非 Q，如表 6-3 所示，如果用小写字母 b 来表示后件 Q 出现的概率值 $P(p)$，那么，非 Q

的概率值就应该是其补数，即 $P(-q)=(1-b)$ ，相应的，在后件不出现的条件下前件不出现的条件概率，即 MT 的概率计算表达式就是： $P(-p/-q)=(1-b-a\varepsilon)/(1-b)$ 。

Oaksford 等进一步指出，对于计算 DA 推理的概率值，即表 6-4 中方程 2 的含义，其第一前提所示的条件命题的含义是"如果非 P，那么非 Q"，假定 a=0.9，那么这一条件命题中前件 P 不出现（即非 P）的概率值就是 0.1，假定 b=0.5，那么这一条件命题中后件不出现（即非 Q）的概率值也是 0.5，假定 ε=0.25，那么，"如果非 P，那么非 Q"这一条件推理结论的条件概率值就是 $P(-q/-p)=(1-b-a\varepsilon)/(1-a)=(1-0.5-0.9\times0.25)/(1-0.9)=2.75$（注意，它并不在 0—1 的概率范围内）。

如果理解了上述四种表达形式的含义，对于其逆反形式的含义就不难理解了。顺便提一下，该条件推理 MP 的逆反形式的含义就是前面所说的例外参数 ε，意思是对于条件推理的第一前提为"如果 P，那么 Q"，第二前提是前件 P，结论为后件 Q 不出现（即 $-q$）的条件概率值可以用 $P(-q/p)$ 表示。在表 6-4 中，MP 的条件概率值的表达形式为： $P(q/p)=1-\varepsilon$ ，将该式代入其逆反表达式 $P(-q/p)=1-P(q/p)$ 后就可得到： $P(-q/p)=1-(1-\varepsilon)=\varepsilon$ 。

4. 对推理者进行条件推理时的概率推理结果的预测

根据条件推理的条件概率模型，可以把条件推理结果的概率变化视为其前提概率变化的函数，推理者对 DA、AC 或者 MT 这三种条件推理中的任何一种推理的接受率都将随着这些推理形式中成为结论部分的概率的增加而增加，这是与高概率结论效应相一致的，如图 6-1 所示。

图 6-1 中 P（前提）的含义为条件推理中第二前提的先验概率，图例中列出了 P（前提）依次为 0.1、0.3、0.5、0.7、0.9 的条件，并分别用不同类型的线段表示。由图 6-1 可知，MP[图 6-1（a）]推理结果的概率变化只是依赖于例外参数 ε，其他三种条件推理形式，即 DA[图 6-1（b）]、AC[图 6-1（c）]和 MT[图 6-1（d）]推理结果的概率变化都是随着第二前提概率值的增加而升高。

之所以会有这种关系，是因为这三种条件推理都伴有例外参数 ε 的情况。如前所述，MT 推理的计算方程为： $P(-p/-q)=(1-b-a\varepsilon)/(1-b)$ 。不难看出，在这一方程中，当 ε 等于零时，不管其前提或结论的概率如何，MT 推理的概率都等于 1，也就是说，此时得出 MT 结论就与前后件的概率无关。一般而言，只要 ε 值不为零，并且前件概率大于后件概率，那么 MT 计算出来的条件概率值就会小于当 ε 等

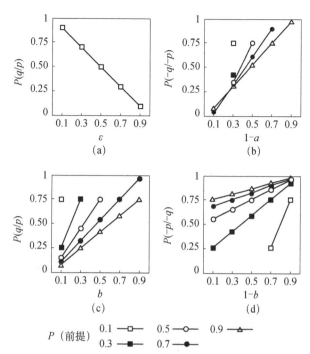

图 6-1　四种条件推理结果的概率随其前提概率的变化而变化的示意图

于零时的条件概率值。Oaksford 认为，这恰恰可以用来解释为什么 MP 推理比 MT 推理更容易得到认可的现象。从语言学的角度来看，"如果……那么……"的条件规则似乎反映了事件之间的某种因果关系，使人们可以对即将发生的事件进行推断和预测，而在实际的推理过程中，这些预测仅仅因为有 ε 的存在而会发生一定的偏差，这也是 Oaksford 等把额外参数 ε 视为条件概率模型中一个原始参数的缘故。

　　另外两个推理方程 DA 和 AC 的概率值也与 a、b 和 ε 三个参数有关，当结论（$1-b$）的概率比 ε 更大时，可以预测推理方程 DA 和 AC 会有一个低概率参数的效应，但对推理方程 MT 的预测则相反。结果，只有 AC 推理能做出低概率前提效应的清晰预测。从计算公式中可以看出，DA 和 AC 的概率也并非常常为 0，这可以在一定程度上用来解释和预测这两类无效推理在日常推理过程中也会得到认可的情况。

三、对先后验概率做出区分的条件推理的条件概率模型

Oaksford 和 Chater（2007，2010）对条件推理的条件概率模型进行了较大

幅度的修订，与 Oaksford 等（2000）最初提出的模型相比较，其内涵仍然可以概括为相同的四个方面，但由于新修订的模型对相应事件的概率值做了先验概率和后验概率的区分，由此决定了这四个方面的内容与 2000 年版的相应内涵存在不一样的表达方式。修订版的条件推理的条件概率模型的四个方面内容如下。

1. 与条件命题"如果 A，那么 B"建构的四种推理形式有关的三种事件的概率值都可以被区分为先验概率 P_0 和后验概率 P_1 两大类

根据修订版的条件推理的条件概率模型，从概率的角度分析，对于"如果 P，那么 Q"这一条件命题仍然包含前件 P 的概率、后件 Q 的概率和条件概率（含四种不同形式）等三类不同的概率，其中，对于前件 P 发生的可能性，用符号 $P_0(p)$ 表示其先验概率，用 $P_1(p)$ 表示其后验概率；对于后件 Q 发生的可能性，用符号 $P_0(q)$ 表示其先验概率，用 $P_1(q)$ 表示其后验概率；而关于条件概率的含义则与前面所述未区分先后验概率的条件推理的条件概率模型中的含义基本上是一样的，只是根据修订版的条件推理的条件概率模型，四种不同推理形式的条件概率都可以被区分为先验概率 P_0 和后验概率 P_1 两大类。

2. 条件命题"如果 P，那么 Q"前后件之间相互依赖型的先验概率计算关系可以用 2×2 列联表表达

若使用前面约定的符号来表达与"如果 P，那么 Q"这一条件命题相关联的几种事件的概率值，那么，该条件命题中前件 P 和后件 Q 之间相互依赖型的先验概率关系列联表如表 6-5 所示。

表 6-5　条件命题"如果 P，那么 Q"前后件之间相互依赖型的先验概率计算关系列联表

项目	Q	非 Q
P	ac	$(1-a)c$
非 P	$1-b-ac$	$b-(1-a)c$

注：$P_0(p)=c$，$P_0(q)=1-b$，$P_0(q/p)=a$

3. 求几种主要条件推理形式的推理结果的后验概率值的数学表达式

Oaksford 等把推理者对"如果 P，那么 Q"这一条件命题所构成的四种不同形式的条件推理中每一类推理形式的结论的概率值视为在两个前提的先验概率值 P_0 的基础上推断出结论的后验概率 P_1 的过程，因此，根据贝叶斯定理建构的相

应的推理结论的后验概率 P_1，就可以利用如表 6-6 所示的各种方程表达式来进行计算。

表 6-6　计算各种条件推理概率值的方程表达式

项目	方程表达式
MP	$P_1(q) = P_0(q/p) = a$
DA	$P_1(-q) = P_0(-q/-p) = \dfrac{b-(1-a)c}{1-c}$
AC	$P_1(p) = P_0(p/q) = \dfrac{ac}{1-b}$
MT	$P_1(-p) = P_0(-p/-q) = \dfrac{b-(1-a)c}{b}$

4. 利用先验概率和后验概率的概念对 2000 年版模型中有关四种推理预测结果的图示内涵做了重新论述

Oaksford 等的 2000 年版条件推理的条件概率模型对人们进行条件推理的最重要的预测是：推理者对上述四种不同形式的条件推理的认可程度主要与范畴前提的概率（在给定范畴前提的条件下得出相应结论的概率）成正比。修订后的条件推理的条件概率模型将其改为：推理者对 DA、AC 和 MT 等三种不同形式条件推理的后验概率 P_1（结论）将作为一个函数，随着相应推理形式的范畴前提的先验概率 P_0（前提）和推理结论的先验概率 P_0（结论）取值的变化而变化。

以"如果 P，那么 Q"这一条件命题有关前件 P 出现的条件下后件 Q 出现的先验条件概率 $P_0(q/p) = 0.75$ 为例，这时有关 DA、AC 和 MT 等三种形式的条件推理结论的后验概率值就发生了改变，如图 6-2 所示。

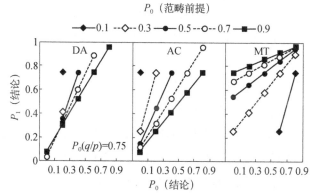

图 6-2　DA、AC 和 MT 三种条件推理后验概率与其范畴前提和结论的先验概率相互关系图

四、本书对条件推理的条件概率模型的解读

1. 对条件推理的条件概率模型表达符号的修订

对表 6-2、表 6-3 和表 6-5 等三个表格中所示的条件命题"如果 P，那么 Q"前后件相互依赖型先验概率关系列联表的内涵进行比较可知，Oaksford 等的条件推理的条件概率模型在发展过程中所使用的表达符号常常容易引起读者的误解，主要表现在如下方面。

1) 条件命题"如果 P，那么 Q"的前后件概率分别用 $P(p)$ 和 $P(q)$ 表示，前者用的是英文大写字母，后者相应的符号则用的是小写字母，尤其是前件 P 的概率表达式为 $P(p)$，这里的大写字母 P 不是指前件 P，而是代表英文"probability"一词，概率表达式 $P(p)$ 中的小写字母 p 才对应于前件 P，这样的表达非常容易让读者产生误解。

2) 条件推理的条件概率模型在发展过程中使用的表达符号在模型发展的不同阶段经常被用于表达不同的含义，而且，同一事件的概率值在模型发展的不同阶段经常会使用不同的符号来表示。例如，1994 年，Oaksford 和 Chater 提出最佳数据选择模型时，小写字母 a 代表前件 P 的概率 $P(p)$，即 $a = P(p)$，b 代表前件 P 不出现的条件下后件 Q 出现的概率，即 $b = P(q/-p)$。

2000 年，Oaksford 等在首次论述条件推理的条件概率模型时，对条件命题"如果 P，那么 Q"前后件相互依赖模型的概率计算关系列联表进行了重构，如表 6-3所示，重构后的列联表中仍然用小写字母 a 来表示条件命题中前件 P 的概率值，即 $a = P(p)$，但是，小写字母 b 则改为用来表示条件命题中后件 Q 的概率值，即 $b = P(q)$，而表 6-2 中字母 b 所代表的含义则用符号 ε 来表示，Oaksford 等将 ε 定义为例外参数，意指在前件事件 P 出现的条件下后件事件 Q 不出现的条件概率值，即 $\varepsilon = P(-q/p)$。到了 2007 年，Oaksford 和 Chater 在修订版的条件推理的条件概率模型中，一方面，将模型中涉及的几种概率都相应地区分为先验概率和后验概率；另一方面，不再使用"例外参数 ε"，而是直接使用条件命题的条件概率值。具体而言，如表 6-5 所示，他们用小写字母 a 来表示"如果 P，那么 Q"这一条件命题中在前件 P 出现的条件下，后件 Q 出现的先验条件概率值，即 $a = P_0(q/p)$，用小写字母 c 来表示条件命题中前件 P 的先验概率值，即 $c = P_0(p)$，用 $1-b$ 来表示条件命题中后件 Q 的先验概率值，即 $1-b = P_0(q)$。

Oaksford 和 Chater 在 2010 年的文章中再次论述条件推理的条件概率模型的有关表达式时，仍然用小写字母 a 来表示"如果 P，那么 Q"这一条件命题中在前件 P 出现的条件下，后件 Q 出现的先验条件概率值，即 $a = P_0(q/p)$，但是，他们改用小写字母 b 来表示条件命题中前件 P 的先验概率值，即 $b = P_0(p)$，改用小写字母 c 来表示条件命题中后件 Q 的先验概率值，即 $c = P_0(q)$。

总之，笔者认为，对于 Oaksford 和 Chapter 等提出的条件推理的条件概率模型，由于同一符号在模型发展的不同阶段被用于表达不同的含义，且同一事件的概率值在模型发展的不同阶段经常会用不同的符号来表示，这常常容易导致读者在理解其模型内涵时产生不必要的混淆，为了更好地理解修订版的条件推理的条件概率模型（Oaksford & Chater，2007，2010），我们可以对相关符号的使用做如下方面的修订：第一，将条件命题"如果 P，那么 Q"中前后件的字母分别改为用"如果 A，那么 B"表示；第二，将这一条件命题中有关前件 A 的概率、后件 B 的概率以及与该命题有关的条件概率的表达符号做以下两方面的约定：①用符号 P_0 表示前件 A、后件 B 和条件概率这三种事件的先验概率，用符号 P_1 表示前件 A、后件 B 和条件概率这三种事件的后验概率。②小写字母 a 表示"如果 A，那么 B"这一条件命题中前件 A 的先验概率，即 $a = P_0(A)$。小写字母 b 表示该条件命题中后件 B 的先验概率，即 $b = P_0(B)$。小写字母 c 表示该条件命题中前件 A 发生的条件下，后件 B 发生的条件概率值，即 $c = P_0(B/A)$。

在上述有关符号约定的基础上，表 6-5 和表 6-6 可分别修改为表 6-7 和表 6-8。

表 6-7　条件命题"如果 A，那么 B"前后件相互依赖型先验概率计算关系列联表

项目	B	非 B
A	ac	$a(-c)$
非 A	$b - ac$	$1 - b - a(1 - c)$

注：$a = P_0(A)$；$b = P_0(B)$；$c = P_0(B/A)$

表 6-8　计算各种条件推理概率值的方程表达式（修改后）

项目	方程表达式
MP	$P_1(B) = P_0(B/A) = c$
DA	$P_1(-B) = P_0(-B/-A) = \dfrac{1 - b - a(1 - c)}{1 - a}$

项目	方程表达式
AC	$P_1(A) = P_0(A/B) = \dfrac{ac}{b}$
MT	$P_1(-A) = P_0(-A/-B) = \dfrac{1-b-a(1-c)}{1-b}$

2. 对条件推理的条件概率模型有关高概率结论效应的解读

胡竹菁和胡笑羽（2016）曾经对 Oaksford 等在 2000 年的文章中有关高概率结论效应图示的内涵进行过解读。将图 6-2 与该模型 2000 年版的图示进行比较可知，图 6-2 中最重要的修改是用横轴表示相应条件推理的先验概率的不同取值，用纵轴表示通过表 6-8 中所示相应条件推理计算方程得出的不同后验概率值。

下面，我们以图 6-2 中的 DA 图示为例，来看看如何理解该图所示内涵。条件命题"如果 A，那么 B"完整的 DA 推理形式如例 6-1 所示。

例 6-1

如果A，那么B

非A

所以，非B

给定范畴前提则是指第二前提"非 A"（用符号 –A 表示，指前件 A 不出现），推理结论是指横线下面的"非 B"（用符号"–B"表示，指后件 B 不出现）。

根据 Oaksford 等修订版的条件推理的条件概率模型，在前件 A 发生的条件下后件 B 发生的先验条件概率 $P_0(B/A) = 0.75$ ，以及在范畴前提的先验概率 $P_0(-A)$ 取值不同的情况下，其结论的后验概率如图 6-2 中的 DA 所示。其中，横轴表示这一推理结论的先验概率 $P_0(-B)$ 的不同取值。条件推理中范畴前提的后验概率值通常总是假定为 1，例如，在 DA 的推理中，总是假定其范畴前提的后验概率 $P_1(-A) = 1$ 。图中不同类型的曲线表示观察到的结论的后验概率 $P_0(-B/-A) = P_1(-B)$ ，作为结论的先验概率 $P_0(-B)$ 的函数是怎样随着范畴前提的先验概率 $P_0(-A) = 1 - P_0(A)$ 的不同取值而变化的。结论的先验概率和范畴前提的先验概率两者的取值范围都在 0.1—0.9，变化的间距为 0.2。

由条件推理的条件概率模型可知，对推理规则"如果 A，那么 B"进行 DA 的推理时，计算其推理结论的后验概率 $P_1(-B)$ 的数学表达式是：$P_1(-B) =$

$$P_0(-B/-A) = \frac{1-b-a(1-c)}{1-a} \text{。}$$

范畴前提是指推理式中的第二前提，即"非 A"，其先验概率 $P_0(-A)$ 的取值范围是"0.1，0.3，0.5，0.7，0.9"，$P_0(-A)$ 的取值不同，图 6-2 中的曲线类别就不同，例如，空心圆曲线表示 $P_0(-A) = 0.7$ 时计算得出的 $P_1(-B)$ 概率值，黑色正方形曲线表示 $P_0(-A) = 0.9$ 时计算得出的 $P_1(-B)$ 概率值。

下面我们以范畴前提的先验概率 $P_0(-A) = 0.9$ 为例，看看 DA 推理结论的后验概率 $P_1(-B)$ 是怎样随着其推理结论的先验概率 $P_0(-B)$ 的取值变化而变化的。

如图 6-2 所示，已知 $c = P_0(B/A) = 0.75$，当 $P_0(-A) = 0.9$ 时，$a = P_0(A) = 1 - P_0(-A) = 1 - 0.9 = 0.1$，推理结论的先验概率 $P_0(-B)$ 的取值为"0.1，0.3，0.5，0.7，0.9"，因为 $b = P_0(B) = 1 - P_0(-B)$，所以，对应的 b 值分别为"0.9，0.7，0.5，0.3，0.1"，将这些值分别代入 $P_1(-B) = P_0(-B/-A) = \frac{1-b-a(1-c)}{1-a}$ 这一 DA 推理的数学表达式中，可得到如下结果。

当 $P_0(-B) = 0.1$ 时，$b = 0.9$：

$$P_1(-B) = \frac{1-0.9-0.1(1-0.75)}{1-0.1} = \frac{0.075}{0.9} = 0.083$$

当 $P_0(-B) = 0.3$ 时，$b = 0.7$：

$$P_1(-B) = \frac{1-0.7-0.1(1-0.75)}{1-0.1} = \frac{0.275}{0.9} = 0.306$$

当 $P_0(-B) = 0.5$ 时，$b = 0.5$：

$$P_1(-B) = \frac{1-0.5-0.1(1-0.75)}{1-0.1} = \frac{0.475}{0.9} = 0.528$$

当 $P_0(-B) = 0.7$ 时，$b = 0.3$：

$$P_1(-B) = \frac{1-0.3-0.1(1-0.75)}{1-0.1} = \frac{0.675}{0.9} = 0.750$$

当 $P_0(-B) = 0.9$ 时，$b = 0.1$：

$$P_1(-B) = \frac{1-0.1-0.1(1-0.75)}{1-0.1} = \frac{0.875}{0.9} = 0.972$$

上述各式的计算结果表明，在范畴前提的先验概率 $P_0(-A)$ 的值不变并且前件 A 出现的条件下后件 B 出现的先验条件概率 $P_0(B/A) = 0.75$ 的情况下，DA 条件推理的推理结论的后验概率 P_1（结论）是随着该推理形式的推理结论的先验概率 P_0

（结论）取值的变化而变化的：P_0（结论）高则 P_1（结论）也高，P_0（结论）低则 P_1（结论）也低。因此，在给定范畴前提"非 A"的先验概率 $P_0(-A)$ 为某个固定值的条件下，推理者对 DA 条件推理的推理结论的后验概率 P_1（结论），与推理结论的先验概率 P_0（结论）成正比。

请注意，当范畴前提"非 A"的先验概率 $P_0(-A)=0.1$ 时，则有前件 A 出现的先验概率 $P_0(A)=a=1-0.1=0.9$，假定后件 B 出现的先验概率 $P_0(B)=b=0.5$，在 $P_0(B/A)=0.75$ 时，其 DA 条件推理的推理结论的后验概率 P_1（结论）则为：

$$P_1(-B)=\frac{1-0.5-0.9(1-0.75)}{1-0.9}=\frac{0.275}{0.1}=2.75。$$

由此可知，它并不在 0—1 的概率范围内，因此在图 6-2 中并未绘出。

五、结语

作为心理学最近几十年的研究热点之一，推理心理学领域有越来越多的研究成果公布于世。我们在把握这一研究领域的经典实验研究范式和重要理论模型时，应该注意各种模型在提出后不断被修订和完善的发展过程。就如本书所介绍的 Oaksford 等的条件推理的条件概率模型，最早提出时用于解释 Wason 四卡选择任务的最佳数据选择模型，而后扩展为用于解释人类进行条件推理时的心理加工机制，2007 年后，研究者又以区分先验概率和后验概率为主要特征对这一模型做了新的修订。不断把握各种重要的推理心理学理论模型的新进展，才能使我国推理心理学的研究有更好的基础。

第三节　条件推理的条件概率模型的实验证据

一、高概率结论效应的含义

Oaksford 认为，他和另外两位学者于 2000 年发表的文章中报告的几个实验结

果为条件推理的条件概率模型提供了很好的实证数据的支持（Oaksford et al.,
2000）。

该理论对实验结果最主要的预测是：推理者对四种条件推理的认可程度是与
给定范畴前提的条件下得出相应结论的条件概率成正比的。具体而言，对于 DA、
AC、MT 等推理形式，在"如果 P，那么 Q"这一条件命题中前后件的先验概率已
被确定的条件下，其条件推理的条件概率将会引发高概率结论效应。

为方便起见，在解释高概率结论效应的含义之前，我们先做以下约定：用字母
L 表示低概率事件，用字母 H 表示高概率事件；对某一个条件命题中的前后件的
概率值分别用连在一起的两个字母表示，其中第一个字母表示前件的概率值，第二
个字母表示后件的概率值。

根据上述约定，根据一个条件命题前后件概率值的不同，我们可以就得到如下
四种不同组合性质的条件命题：①LL 型条件命题：前后件都是低概率事件的条件
命题；②LH 型条件命题：前件是低概率事件，后件是高概率事件的条件命题；
③HL 型条件命题：前件是高概率事件，后件是低概率事件的条件命题；④HH 型
条件命题：前后件都是高概率事件的条件命题。

Oaksford 等在 2000 年的文章中所说的高概率结论效应，实际上是指推理者在
对某种形式的条件推理进行推断时，构成该推理题前提之一的条件命题的前后件
不同先验概率对四种不同类型的条件推理的结论认可度所产生的影响。换言之，推
理者对推理结果的接受率将会受到该条件推理题中条件命题前后件的先验概率值
的影响。

例如，MP 的推理形式是：

如果A，那么B

$$\frac{A}{B}$$

在此，结论部分是第一前提"如果 A，那么 B"这一条件命题（Oaksford 等称
之为推理法则，reasoning rule）中的后件，如果第一前提中后件 B 的先验概率越低，
那么推理者对结论 B 的接受率就会低；反之，则推理者对结论 B 的接受率就会高。
Oaksford 等把这种推理者对条件推理结论的接受率随该结论在条件命题中的先验
概率增加而增加的现象称为高概率结论效应。

上文提及共有 LL、LH、HL 和 HH 四种不同前后件先验概率的组合，对于 MP

推理形式来说，由于结论 B 在 LL 和 HL 两个条件命题中是低概率，在 LH 和 HH 两个条件命题中是高概率，如果推理者在对 MP 的推理过程中对 LH 和 HH 中结论 B 的接受率比对 LL 和 HL 中结论 B 的接受率更高，就表明存在高概率结论效应。

又如，DA 的推理形式是：

如果A，那么B

$$\frac{-A}{-B}$$

在此，结论部分是第一前提"如果 A，那么 B"这一条件命题中"后件的否定 −B"，但是在上述 LL、LH、HL 和 HH 四种不同前后件的概率组合中，对于 DA 推理形式来说，由于结论部分"非 B"的先验概率等于"1−B"，因此，与 MP 中的情况相反，如果第一前提中后件 B 的先验概率低，那么推理者对结论 B 的接受率就会高；反之，则推理者对结论 B 的接受率就会低。换言之，对于 DA 推理形式，在 LL 和 HL 两种类型的推理题中，结论非 B 的接受率更高；而在 LH 和 HH 两种类型的推理题中，结论非 B 的接受率更低。如果推理者对 LL 和 HL 中结论非 B 的接受率比对 LH 和 HH 中结论非 B 的接受率更高，这也表明存在高概率结论效应。

为了检验上述预测是否正确，在参考 Kirby（1994）和 Sperber 等（1995）研究的基础上，Oaksford 等在 2000 年发表的文章中报告了他们设计并实施的几个实验。接下来我们将对该文报告的实验一和实验三进行简要介绍。

二、Oaksford 等（2000）实验一和实验三的实验目的、方法与被试

两个实验的目的都是验证不同条件命题中不同的前后件概率对人们进行条件推理时的影响。两个实验采用的研究方法都是 $4 \times 2 \times 2 \times 2$ 的完全组内设计，四种自变量分别是：①推理形式，含 MP、DA、AC、MT 四个水平；②结论性质，含标准结论和逆反结论两个水平；③前件概率，含高概率值和低概率值两个水平；④后件概率，含高概率值和低概率值两个水平。

参与两个实验的被试来自英国华威大学心理学系的本科生。有 30 名学生参加了实验一的实验，另外有 20 名学生参加了实验三的实验。所有被试先前都未学习

过有关逻辑学方面的知识，每位被试在完成实验任务后都可得到每小时 4 英镑的报酬。

三、Oaksford 等（2000）实验一的实验材料、程序和结果

1. 实验材料

实验一的实验材料由 32 道条件推理题组成：四个自变量结合在一起后形成 4（推理形式）×2（结论性质）×2（前件概率）×2（后件概率）=32 种实验处理，每种处理形成一道独特的条件推理题。

将前件概率和后件概率两个变量结合在一起就可以形成 LL、LH、HL 和 HH 四种不同类型的条件命题，它们通过不同的指导语描述来体现。

以 LL 型条件命题的内容描述为例，其相应的指导语为：

应某种教育单位的要求，某工厂用机器在卡片上印刷彩色的图案。

卡片的图案在形状方面包括圆形、菱形、方形、三角形、星形和交叉形等 6 种图形，在颜色方面包括红色、绿色、黄色、蓝色和橙色等 5 种颜色。上述 6 种形状和 5 种颜色组合在一起可以组成 30 种不同的彩色图案。

原定印刷卡片的要求是：就上述 30 种不同的彩色图案而言，要求对所有种类的图案印出同等数量的卡片。因此，如果印 60 张卡片，那么，就形状而言，6 种形状的卡片应各有 10 张，每种形状的 10 张卡片中，5 种颜色的卡片各有 2 张；就颜色而言，5 种颜色的卡片应各有 12 张。

通过上述描述可知，对于"如果 P，那么 Q"这一条件命题，其前件表达的内容是"图形"，后件表达的内容是"颜色"，对应的条件命题之一是"如果形状是三角形，那么它的颜色就是蓝色的"（也可表达为"所有的三角形都是蓝色的"）。相应的，这一条件命题前后件的先验概率分别是：前件各种图形卡片的概率都是 $P(p) = 0.17(10/60)$，后件各种颜色卡片的概率则都是 $P(q) = 0.20(12/60)$，根据这里描述的概率值，前后件都属于低概率，因此符合 LL 型条件命题先验概率的要求。

对于小册子中印有 LH、HL 和 HH 等条件命题的内容描述，除了有一段有关概率的文字描述与 LL 型条件命题的描述不同之外，其他基本相同。不同的部分分别列举如下。

1）LH 型条件命题。有关这一条件命题前件先验概率的描述与 LL 型条件命题的描述大致相同，只是关于后件先验概率的描述改为：

　　　　所有的圆形卡片都被印成了红色，此外，机器还把大部分其他的卡片也都印成了红色：在一组 60 张卡片中，6 种形状每种都印了 10 张卡片，除了圆形卡片全被印成红色外，在其他 5 种形状的卡片中，每一种形状都有 6 张卡片被印成了红色，另外 4 张卡片被印成了其他颜色，且每种颜色印了 1 张。这意味着在每 60 张卡片中，40 张是红色的卡片，20 张是其他颜色的卡片。

通过上述描述可知，对应的条件命题是"如果形状是圆形，那么它的颜色就是红色的"（也可表达为"所有的圆形都是红色的"）。相应的，这一条件命题前后件的先验概率分别是：前件圆形卡片的概率仍然是 $P(p) = 0.17(10/60)$，后件红色卡片的概率则是 $P(q) = 0.67(40/60)$，符合 LH 型条件命题前件先验概率为低概率、后件先验概率为高概率的要求。

2）HL 型条件命题。有关这一条件命题后件先验概率的描述与 LL 型条件命题的描述大致相同，只是关于前件先验概率的描述改为：

　　　　所有的星形卡片都被印成了绿色，此外，机器还把星形图案的卡片数量印得比其他图案的卡片数量更多：在一组 60 张卡片中，在形状方面，有 40 张卡片的图案被印成了星形，其他 5 种形状每一种印了 4 张；在颜色方面，5 种颜色的比例相等，每种颜色各有 12 张卡片。

通过上述描述可知，对应的条件命题是"如果形状是星形，那么它的颜色就是红色的"（也可表达为"所有的星形都是绿色的"）。相应的，这一条件命题前后件的先验概率分别是：前件星形卡片的概率是 $P(p) = 0.67(40/60)$，后件红色卡片的概率则是 $P(q) = 0.20(12/60)$，符合 HL 型条件命题前件先验概率为高概率、后件先验概率为低概率的要求。

3）HH 型条件命题。有关这一条件命题前后件先验概率的描述改为：

　　　　所有的方形卡片都被印成了黄色，此外，机器还把方形图案的卡片数量印得比其他图案的卡片数量更多，同时，把黄色卡片的数量也印得比其他颜色的卡片数量更多：在一组 120 张卡片中，有 80 张卡片的图案被印成了方形，其他 5 种形状每种各印了 8 张，所有 80 张方形图案的卡片和其他 5 种图案每种

8 张卡片中有 4 张被印成了黄色，总数有 100 张卡片被印成了黄色；不是方形的其他 5 种形状的卡片中，每种图案没有被印成黄色的 4 张卡片中，其他 4 种颜色各印了 1 张卡片。

通过上述描述可知，对应的条件命题是"如果形状是方形，那么它的颜色就是黄色的"（也可表达为"所有的方形都是黄色的"）。相应的，这一条件命题前后件的先验概率分别是：前件方形卡片的概率是 $P(p) = 0.67(80/120)$，后件黄色卡片的概率则是 $P(q) = 0.83(100/120)$，符合 HH 型条件命题前后件先验概率都是高概率的要求。

2. 实验程序

所有被试都是以个别测试的方式参加实验的。这些题目以小册子的形式呈现给被试。每本小册子有 9 页内容，其中第一页是总的指导语，随后 8 页的内容中，每页都包括四道条件推理题。表述条件推理题的 8 页纸中，上述四种题目各占两页。为避免题目先后出现次序的影响，以随机方法向不同被试呈现题目。

在一个小型实验室的书桌上放着印有实验材料的小册子。让被试坐到书桌前，告诉他在接到指令后才可以翻看小册子的内容。当被试翻开小册子后，他在第一页中可以看到如下指导语：

> 您的任务是对小册子中后面各页的问题进行求解。小册子一共包括 32 个问题，每页都提供了这些问题的指导语，请按各页指导语的要求尝试对各页的问题求解。

以解决 LL 型条件命题的程序为例，其中一页印有 LL 型条件命题题目的指导语，要求被试解决的问题内容是"如果形状是三角形，那么它的颜色就是蓝色的"（也可表达为"所有的三角形都是蓝色的"），紧接着前面所述前后件概率值的文字描述之后的内容是：

> 几位进行质量检查工作的人员在对某批次印刷产品的质量进行检查时，发现了如下问题，即所有的三角形图案都被印成了蓝色的，但其他 5 种形状的图案被印出来的卡片中都包含 5 种不同的颜色。

> 印刷卡片的机器在印刷完毕后会自动把卡片分类装进 11 个具有不同标签的包装箱中，每个包装箱或者标有某种形状的名称（这种包装箱被称为"形状箱"），或者标有某种颜色的名称（这种包装箱被称为"颜色箱"）。机器在分类

装箱时，对"形状箱"和"颜色箱"的装箱是交替进行的：第一箱是以形状分类装箱，第二箱则以颜色分类装箱，第三箱又是以形状分类装箱，以此类推。

在印有 LL 型条件命题题目的两页纸中，每一页纸都包含关于条件推理的四个问题（即第一个自变量所含的 MP、DA、AC 和 MT 等四种水平）。

在两页 LL 型条件命题中，每一页出现的是哪四种问题是通过随机方法决定的。印有 LL 型条件命题题目中 DA 的问题格式如下：

在上述给定问题中，某位质量检测员试图对他们在这一箱卡片中所发现的问题做出如下预测："假如所有三角形都是蓝色的，他在检测某箱不是标为'三角形'的'形状箱'时，预测他在该箱中拿出的卡片不是蓝色的。"

请在下面七点量表上标出你认为该质量检测员的预测在多大程度上是正确的（数字 1 表示你确定他的预测是错误的；数字 4 表示你不能确认他的预测是否正确；数字 7 表示你确定他的预测是正确的）。

当被试完成该小册子的全部问题后，主试对他们的参与表示感谢，并把该实验的目的完整地告诉他们。

3. 实验结果

实验一中被试在各条件下的接受度（分数范围为 1—7 分，分数越高表明接受度越高）如表 6-9 所示。

表 6-9　实验一被试对每种条件命题的标准推理及逆反推理的接受度（$n=30$）

条件命题	标准推理								逆反推理							
	MP		DA		AC		MT		MP		DA		AC		MT	
	M	SD	M	SD	M	SD	M	SD	M	SD	M	SD	M	SD	M	SD
LL	6.37	1.16	**4.57**	**1.79**	4.47	1.96	**6.13**	**1.36**	**2.07**	**1.72**	3.23	1.94	**3.27**	**1.82**	2.10	1.42
LH	**6.67**	**0.71**	3.50	1.87	4.67	2.02	**5.83**	**1.78**	1.80	1.65	**4.07**	**2.05**	**3.53**	**1.78**	1.73	1.23
HL	6.03	1.63	**4.37**	**1.73**	**5.17**	**1.74**	5.33	1.85	**2.03**	**1.79**	2.97	1.67	2.90	1.71	**2.50**	**1.74**
HH	**6.57**	**0.63**	4.07	2.24	**5.83**	**1.39**	5.57	1.87	1.93	1.78	**3.63**	**1.83**	1.97	0.96	**2.30**	**1.71**
平均	6.41	1.12	4.13	1.94	5.03	1.85	5.72	1.73	1.96	1.72	3.48	1.90	2.92	1.69	2.16	1.55

注：加粗数字表示高概率结论的结果，未加粗数字表示低概率结论的结果

前面曾指出，高概率结论效应的含义是指推理者对推理结果的接受度将会受到该条件推理题中条件命题前后件的先验概率值的影响。

Oaksford 等（2000）根据表 6-9 中的数据对结论的认可度与前提的先验概率的

相互关系进行了详细分析。在此只介绍他们对表 6-9 中标准推理所含 MP、DA、AC 和 MT 等四种推理形式的数据分析，介绍之前先做如下约定：符号 HC 表示高概率结论，符号 LC 表示低概率结论。

首先，Oaksford 等对四种标准推理形式总的高概率结论效应进行了分析。具体做法是：根据表 6-9，被试对标准推理中所有高概率结论的接受度为：$M=5.64$，$SD=1.65$，被试对低概率结论的接受度为：$M=5.00$，$SD=2.05$。对两者差异进行方差分析后得到：$F(1, 87)=33.47$，$p<0.001$。这表明，总体而言，被试对高概率结论的接受度显著高于对低概率结论的接受度。

其次，他们还对四种标准推理形式中每一种推理形式的高概率结论效应进行了分析，具体做法如下。

1）对于 MP 推理形式：LH 和 HH 两种条件命题是高概率结论命题，被试对这两种条件命题的平均接受度是：$M=6.62$，$SD=0.67$；LL 和 HL 两种条件命题是低概率结论命题，被试对这两种条件命题的平均接受度是：$M=6.20$，$SD=1.41$。方差分析结果为：$F(1, 87)=3.53$，$p=0.064$。

2）对于 DA 推理形式：LL 和 HL 两种条件命题是高概率结论命题，被试对这两种条件命题的平均接受度是：$M=4.47$，$SD=1.75$；LH 和 HH 两种条件命题是低概率结论命题，被试对这两种条件命题的平均接受度是：$M=3.78$，$SD=2.07$。方差分析结果为：$F(1, 87)=9.49$，$p<0.005$。

3）对于 AC 推理形式：HL 和 HH 两种条件命题是高概率结论命题，被试对这两种条件命题的平均接受度是：$M=5.50$，$SD=1.60$；LL 和 LH 两种条件命题是低概率结论命题，被试对这两种条件命题的平均接受度是：$M=4.57$，$SD=1.98$。方差分析结果为：$F(1, 87)=17.71$，$p<0.001$。

4）对于 MT 推理形式：LL 和 LH 两种条件命题是高概率结论命题，被试对这两种条件命题的平均接受度是：$M=5.98$，$SD=1.58$；HL 和 HH 两种条件命题是低概率结论命题，被试对这两种条件命题的平均接受度是：$M=5.45$，$SD=1.85$。方差分析结果为：$F(1, 87)=5.78$，$p<0.025$。

上述分析结果表明，在 MP 这一推理形式中，高概率结论与低概率结论两者之间的差异未达到显著水平，但在 DA、AC、MT 等三种推理形式中，高概率结论的接受度比低概率结论的接受度显著更高。

Oaksford 等指出，上述实验结果的分析支持他们提出的高概率结论效应的观点，即推理者对推理结果的接受度会受到该条件推理题中条件命题前后件的先验概率值的影响。

四、Oaksford 等（2000）实验三的实验材料、程序和结果

1. 实验材料

实验三的实验材料是由 64 道可能性推断的条件推理题组成的。该实验的设计与实验一大致相同，也包含四个自变量，结合在一起后也形成了 4（推理形式）×2（结论性质）×2（前件概率）×2（后件概率）=32 种实验处理。将前件概率和后件概率两个变量结合在一起也可以形成 LL、LH、HL 和 HH 等四种不同类型的条件命题。与实验一不同的是，实验三中四种不同类型的前后件概率组合命题是从另外一批学生评定出的几十条有不同接受率的条件命题"如果 P，那么 Q"中遴选出来的，共遴选出 8 条，其中 LL、LH、HL 和 HH 等四种类型的条件命题各两条。

1）如果比赛是在溜冰场举行的，那么它是保龄球赛（LL）。

2）如果一个人是政治家，那么他受过秘密训练（LL）。

3）如果一种饮料是威士忌，那么它是用杯子来喝的（LH）。

4）如果一种动物是花栗鼠，那么它有毛皮（LH）。

5）如果某种食物是可口的，那么它是一种含奶油的甜点心（HL）。

6）如果一种蔬菜煮熟后可食用，那么它是欧洲萝卜（HL）。

7）如果一种花卉不到一英尺高，那么它是家庭培育的（HH）。

8）如果一种家具很重，那么它是大的（HH）。

给被试呈现的实验材料是一本含有 65 页纸的小册子。每本小册子的第一页都是指导语。随后的 64 页中，每一页都包括 64 种可能的条件推理中的一个问题。题目顺序是随机排列的，对于不同被试而言，他们看到的题序是不一样的。

2. 实验程序

所有被试都是以个别测试的方式参加实验的。在一个小型实验室的书桌上放着印有实验材料的小册子。让被试坐到书桌前，告诉他在未得到允许前不可以翻看小册子的内容。被试翻开小册子后，在第一页中可以看到如下指导语：

　　您的任务是对小册子中以后各页的问题进行求解。小册子一共包括 64

页，每一页的问题中都包括一种条件命题和一种事实，随后跟着一个结论。你的任务是确定该结论能否从该条件命题和事实中推断出来。

要求被试在一个评定量表上标出他对结论的接受度。评定量表以 0 为中线切成两半，左边的含义是"我无法得出结论"，从 −1 至 −5 表示不同的肯定程度；右边的含义是"我可以得出结论"，从 1 至 5 表示不同的肯定程度。接受度评定量表如图 6-3 所示。

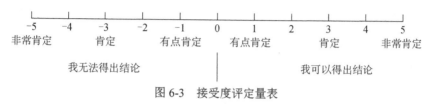

图 6-3　接受度评定量表

在第一页的指导语中，还呈现了没有包含在实验材料中的一个例子：

如果一辆车是奔驰牌，那么它是黑色的

这辆车不是黑色的

所以，它不是奔驰牌的车

给定这一条件命题和这一事实，请在下面量表中最能反映你对该结论的评定的位置上做一标记（图 2）。

接下去请按小册子页码顺序解题。一旦某一页被翻过去后，就不能再翻回来看。

谢谢！

在被试完成所有条件推理任务后，要求他们再做一个概率评定任务，内容是对实验材料中的 8 个条件命题的概率值做出评定。对于每一种条件命题，要求被试回答下面三个问题：

（问题 1a）你认为在每 100 人中会有多少人是政治家？

（问题 1b）你认为在每 100 人中会有多少人受过秘密训练？

请在 0%（意指"肯定是假"）和 100%（意指"肯定是真"）的范围内标出你对下述条件命题真假情况可能性的评估：

（问题 1c）如果一个人是政治家，那么他受过秘密训练。

虽然实验要求被试像上述问题 1c 那样对某个条件命题真假情况的可能性做

出评估，但通过这种方法收集到的信息并未得出什么有益的效应，因此，我们在此不再报告对这一问题的分析结果。

当被试完成该小册子的全部问题后，主试对他们的参与表示感谢，并把该实验的目的完整地告诉他们。

3. 实验结果

（1）概率评定作业的结果分析

概率评定作业的结果如表 6-10 所示。

表 6-10   实验三被试在概率评定作业中对每种条件命题的前件 P（A）和后件 P（B）的概率值评估   单位：%

条件命题	MP		DA	
	M	SD	M	SD
LL	6.78	8.44	10.05	12.28
LH	5.58	6.43	53.05	25.72
HL	58.94	17.53	6.51	9.29
HH	58.63	19.94	55.93	20.35

表 6-10 反映了各条件命题前后件的前测概率类别。由此可知，当条件命题的前件概率 P（A）或后件概率 P（B）被预测是低概率时，其概率值都在 0.5 以下（0.0558—0.1005）；当它们被预测是高概率时，其概率值都在 0.5 以上（0.5305—0.5894）。经统计检验表明，所有前后件概率值之间的差异均达到非常显著的水平。

（2）结论与前提效应的结果分析

表 6-11 呈现的是被试对各种推理的平均接受度。研究者采用与实验一和实验二同样的方式来对它们进行分析。

表 6-11   实验三被试对每种条件命题的标准推理及逆反推理的接受度（$n=20$）

条件命题	标准推理								逆反推理							
	MP		DA		AC		MT		MP		DA		AC		MT	
	M	SD	M	SD	M	SD	M	SD	M	SD	M	SD	M	SD	M	SD
LL	2.90	2.90	**0.10**	**3.92**	1.85	3.56	**1.70**	**3.31**	−3.55	1.87	−2.95	1.95	**−3.25**	**1.77**	−3.50	1.49
LH	**3.85**	**1.97**	−0.90	3.45	1.00	3.60	**2.85**	**3.18**	−4.10	1.34	**−2.65**	**2.48**	**−3.45**	**2.00**	−4.00	1.36
HL	2.95	2.81	**1.95**	**3.62**	2.21	3.53	0.60	3.33	**−4.00**	**1.20**	−3.15	2.41	−3.75	1.74	**−3.10**	**1.63**
HH	**3.55**	**2.40**	1.90	3.45	**2.15**	**3.53**	2.45	3.00	−3.73	1.40	**−3.03**	**2.18**	−3.43	1.99	**−3.10**	**1.87**
平均	3.45	2.44	1.35	3.76	2.21	3.42	1.70	3.37	−3.84	1.47	−2.94	2.25	−3.47	1.87	−3.43	1.62

注：接受度的取值范围为−5 到 5，加粗数字表示高概率结论的结果，未加粗数字表示低概率结论的结果

　　如同对实验一的结果分析的那样，Oaksford 等（2000）根据表 6-10 和表 6-11 中的数据对结论的认可度与前提的先验概率的相互关系进行了详细分析。在此也只将他们对表 6-9 中标准推理所含 MP、DA、AC 和 MT 四种推理形式的数据分析介绍给读者。

　　首先，Oaksford 等对四种标准推理形式总的高概率结论效应进行了分析，具体做法是：根据表 6-11，被试对标准推理中所有高概率结论的接受度为：$M=2.30$，$SD=3.39$，被试对低概率结论的接受度为：$M=1.59$，$SD=3.46$。对两者差异进行方差分析后得到：$F(1, 57)=15.88$，$p<0.001$。这表明，总体而言，被试对高概率结论的接受度显著高于对低概率结论的接受度。

　　其次，他们也对四种标准推理形式中每一种推理形式的高概率结论效应进行了分析，具体做法如下。

　　1）对于 MP 推理形式：LH 和 HH 两种条件命题是高概率结论命题，被试对这两种条件命题的平均接受度是：$M=3.70$，$SD=2.18$；LL 和 HL 两种条件命题是低概率结论命题，被试对这两种条件命题的平均接受度是：$M=2.93$，$SD=2.84$。方差分析结果为：$F(1, 57)=4.84$，$p<0.05$，表明被试在 MP 推理形式上表现出的对高概率结论与低概率结论的接受度之间的差异达到显著水平。根据上述分析，Oaksford 等认为，正如在实验一的分析中所指出的那样，虽然我们不能忽视 $P(B)$ 对 MP 的直接影响，但这种 MP 效应似乎是前件 $P(A)$ 和后件 $P(B)$ 共同影响被试对例外参数进行评定的结果。

　　2）对于 DA 推理形式：LL 和 HL 两种条件命题是高概率结论命题，被试对这两种条件命题的平均接受度是：$M=2.18$，$SD=3.51$；LH 和 HH 两种条件命题是低概率结论命题，被试对这两种条件命题的平均接受度是：$M=1.43$，$SD=3.58$。方差分析结果为：$F(1, 57)=4.62$，$p<0.05$。

　　3）对于 AC 推理形式：HL 和 HH 两种条件命题是高概率结论命题，被试对这两种条件命题的平均接受度是：$M=1.03$，$SD=3.87$；LL 和 LH 两种条件命题是低概率结论命题，被试对这两种条件命题的平均接受度是：$M=0.50$，$SD=3.70$。方差分析结果为：$F(1, 87)=1.29$，$p>0.26$。这表明被试在 AC 推理形式上表现出的对高概率结论和低概率结论的接受度之间的差异未达到显著水平，经分析可知，这种结果主要是由 LL 型条件命题中的条件命题 2 出现低接受度所致，其接受度远比另外一条 LL 型条件命题即条件命题 1 的接受度更低。如果去掉条件命题 2 的数据，仅用条件命题 1 的实验结果来代表 LL 型条件命题的接受度，则有 HC：$M=1.97$，$SD=3.62$；LC：$M=0.50$，$SD=3.70$。方差分析结果为：$F(1, 57)=11.59$，$p<0.005$。由此表明被试在这种推理形式上表现出的对高概结论和低概率结论的接受度之间的差异也达到显著水平。

4）对于 MT 推理形式：LL 和 LH 两种条件命题是高概率结论命题，被试对这两种条件命题的平均接受度是：$M=2.28$，$SD=3.28$；HL 和 HH 两种条件命题是低概率结论命题，被试对这两种条件命题的平均接受度是：$M=1.53$，$SD=3.29$。方差分析结果为：$F(1, 57)=4.54$，$p<0.05$。

总体而言，上述分析结果再次支持 Oaksford 等提出的高概率结论效应的观点，即推理者对推理结果的接受度会受到该条件推理题中条件命题前后件的先验概率值的影响。

第四节　简 要 评 价

一、条件推理的条件概率模型的贡献

Oaksford 和 Chater（1994）提出最佳数据选择模型后，很快就得到这一领域研究者的重视，经过不断修订，该模型逐渐发展为条件推理的条件概率模型。一般而言，这一理论对推理领域理论上的贡献主要体现在以下几个方面。

1. 把推理判断与决策结合起来进行研究，使原来这两个相对独立的领域联合起来了

Eysenck 和 Keane（2000）在对 Oaksford 的概率理论进行评论时曾指出："概率理论的最大特色是它把推理判断与决策结合起来研究，使原来这两个相对独立的领域联合起来了。"Eysenck 和 Keane（2005）指出，这个理论是根据概率论来分析所给推理问题的前提条件的。通过分析前提条件，我们可以预测从问题的所有可能结论中能够获取的信息的多少，同时根据能够获取信息的多少，我们也可以预测人们最有可能做出什么反应，即人们最有可能推导出含信息量最大的结论，其次是含信息量稍次的结论。总之，Eysenck 和 Keane（2000）认为最佳数据选择模型的核心思想是：本质上人们并不是进行推理，而是最大限度地获取信息。也就是说，人们在做决定时旨在减少情境的不确定性以及获得更多现实世界的信息。所以，在选择任务中，人们总是做出最有价值的选择，总是选择那些概率最大的卡片。

余达祥等（2008）认为，Oaksford 等的最佳数据选择模型为 Wason 四卡问题的实验结果提供了一种全新的解释。该模型的提出及其与相关实验数据的一致性表明，人们在面临推理问题时可以启动多种加工机制。解决逻辑问题并非一定需要启动逻辑推理机制，即存在非逻辑的推理机制。Oaksford 等的最佳数据选择模型所表述的，就是这类非逻辑的条件推理机制。该模型的提出，使得自 Wason 四卡问题实验结果公布以来有关人们推理行为的理性与非理性之争变得毫无意义。因为基于形式规则的逻辑推理并非人类理性的唯一标志，人类的许多基于非形式规则的判断与决策行为同样体现出理性特征。

2. 首次把原来相互独立的演绎推理的假言推理和归纳推理的概率推理有机地结合在一起进行研究

胡竹菁和胡笑羽（2016）认为，Oaksford 等提出的条件推理的条件概率模型的另一个巨大的贡献在于，它首次把属于演绎推理的假言推理和属于归纳推理的概率推理结合起来进行研究，使原来这两个相对独立的领域联合起来了。

例如，以"乳房照影法问题"为例，这本来是一个纯粹属于心理学概率推理领域的研究问题，但通过 Oaksford 等的理论模型，这一问题不仅可以转换成"如果……那么……"这一典型的条件命题，而且可以用其模型中的有关公式求出 MP、DA、AC 和 MT 等不同推理形式的推理结果。我们对这一推理过程描述如下。

乳房照影法问题原本的表述为：

> 接受常规检查的超过 40 岁的妇女确实患乳腺癌的概率是 1%。如果一个妇女患有乳腺癌，那么她在乳房照影法中得到阳性反应的概率是 80%。如果一个妇女没有得乳腺癌，那么她在乳房照影法中也得到阳性反应的概率是 9.6%。一位这一年龄组的妇女在常规检查中的乳房照影法呈阳性反应。问：她确实患乳腺癌的概率是多少？_____%？

如果我们用字母 A 代表年龄超过 40 岁妇女患乳腺癌的事件，用字母 B 代表乳房照影法的事件，那么，上述乳房照影法问题题干中的两个"如果……"就可以被视为两个条件命题：第一个条件命题是"如果 A，那么 B"，即"如果一位妇女患有乳腺癌（前件 A），那么她在乳房照影法中得到阳性反应的概率是 80%（后件 B）"；第二个条件命题是"如果非 A，那么 B"，即"如果一位妇女没有得乳腺癌（第一条件命题前件 A 的否定），那么她在乳房照影法中也得到阳性反应的概率是 9.6%（后件 B）"。注意，这两个条件命题中，两个条件命题的前件是相互对立的事件，而两个后件虽然概率值不一样，但指的是同一个事件。

如果我们用 $P(A)$ 表示年龄超过 40 岁妇女患乳腺癌的概率，用 $P(B)$ 表示经乳房照影法检查后呈阳性的概率，根据上述表述可推知，超过 40 岁妇女患乳腺癌的先验概率是：$P(A)=1\%$；超过 40 岁妇女不患乳腺癌的概率是：$P(\text{非 A})=1-P(A)=99\%$。

在条件推理中，利用上述数值，我们可以得到相应的 MP、DA、AC、DA 四种推理形式的推理结果的概率值。

1）MP 要求解的问题是：有一位年龄超过 40 岁的妇女得了乳腺癌，那么，她在乳房照影法中得到阳性反应的概率是多少？这是求解前件 A 出现的条件下，后件 B 出现的条件概率值，即 $P(B/A)$ 是多少的问题。实际上，这一问题的答案在该条件推理的条件命题 1 中已经表明，即 $P(B/A)=0.80$。由此还可推知，得了乳腺癌后在乳房照影法中得到阴性反应的概率 $P(\text{非 B}/A)=1-P(B/A)=0.20$，而这正是条件推理概率理论中的例外参数 ε 的概率值。

2）DA 要求解的问题是：如果一位年龄超过 40 岁的妇女没有得乳腺癌，那么，她在乳房照影法中得到阳性反应的概率是多少？这是求解前件 A 不出现的条件下，后件 B 不出现的条件概率值，即 $P(\text{非 B}/\text{非 A})$ 是多少的问题。前面所述条件命题 2 表明，如果一个妇女没有患乳腺癌，那么她在乳房照影法中得到阳性反应的概率是 9.6%，即 $P(B/\text{非 A})=0.096$，因此，该问题的答案是：$P(\text{非 B}/\text{非 A})v=1-P(B/\text{非 A})=1-0.096=0.904$。

在条件推理的概率模型中，DA 的条件概率 $P(-B/-A)$ 的计算公式是：

$$P(-B/-A) = (1-b-a\varepsilon)/(1-a)$$

将上述已知条件代入公式后可得：

$$b = 1-a\varepsilon-P(-B/-A)\times(1-a) = 1-0.01\times0.2-0.904\times(1-0.01) = 0.103$$

3）AC 要求解的问题是：如果一位年龄超过 40 岁的妇女在乳房照影法的常规检查结果呈阳性反应，那么，她确实患乳腺癌的概率是多少？这是求解后件 B 出现的条件下，前件 A 出现的概率值，即 $P(A/B)$ 是多少的问题。在形式逻辑有关命题推理的论述中，AC 是不正确、不能推出必然结论的推理形式，但在概率推理中却可以在一定概率条件下求出几乎是唯一可能得到的概率值。就这一问题而言，我们既可以用条件推理的条件概率模型中求解 MP 的公式来求解，也可以用贝叶斯公式来求解。

若按条件推理的条件概率模型中的有关公式求解，则有：

$$P(A/B) = a(1-\varepsilon)/b = 0.01 \times (1-0.2)/0.103 = 0.078$$

若按贝叶斯公式求解，则有：

$$P(A/B) = \frac{P(A)P(B/A)}{P(A)P(B/A) + P(-A)P(B/-A)} = \frac{(0.01)(0.80)}{(0.01)(0.80) + (0.99)(0.096)} = 0.078$$

4）DA 要求解的问题是：如果一位年龄超过 40 岁的妇女在乳房照影法的常规检查结果呈阴性反应，那么，她确实没有患乳腺癌的概率是多少？这是求解后件 B 不出现的条件下，前件 A 不出现的概率值，即 $P(\text{非 A}/\text{非 B})$ 是多少的问题。与上述求解 AC 的过程一样，我们既可以用条件推理的条件概率模型中求解 MP 的公式来求解，也可以用贝叶斯公式来求解。

按条件推理的条件概率模型中的公式求解，则有：

$$P(-A/-B) = (1-b-a\varepsilon)/(1-b) = (1-0.103-0.01 \times 0.2)/(1-0.103) = 0.998$$

按贝叶斯公式求解，则有：

$$P(-A/-B) = \frac{P(-A)P(-B/-A)}{P(A)P(-B/A) + P(-A)P(-B/-A)}$$
$$= \frac{(0.99)(0.904)}{(0.01)(0.20) + (0.99)(0.904)} = 0.998$$

上述求解 MP、DA、AC 和 MT 等不同推理形式的推理结果的过程表明，Oaksford 等提出的条件推理的概率理论确实把对属于演绎推理的假言推理的研究和属于归纳推理的概率推理的研究结合起来了。

二、条件推理的条件概率模型所存在的问题

Schroyens 和 Schaeken（2003）用元分析方法对大量的研究资料进行分析后，从实验证明、概率的界定和推理中的概率加工问题等方面对 Oaksford 等（2000）

的条件推理的条件概率模型提出了批评意见。

总的来说，Schroyens 和 Schaeken 认为，通过使用对大量研究进行元分析的方法对 Oaksford 等（2000）提出的条件推理的条件概率模型进行评估后，结果表明，①条件推理的条件概率模型所做的预测是不确定的，否定效应的相对大小与预测并不相配；②该模型观点与文献报告的资料是相反的，而以心理模型为基础的模型数据与这些资料拟合得更好；③纯概率模型是不完善和不完整的，假如该模型想发展成为适当的心理学理论，没有算法加工假设是行不通的。

第七章

推理题与推理者的推理知识双重
结构模型

第一节　推理题与推理者的推理知识双重结构
模型的提出和发展

　　本书第一作者在 1983—1986 年攻读硕士学位期间，选择"人类推理的心理加工过程"作为学术研究方向，硕士研究生的毕业论文题目为"中学生直言性质三段论推理能力发展的调查研究"，1986 年在曲阜师范大学硕士研究生毕业，并于 1987 年在辽宁师范大学通过硕士学位论文答辩，获得硕士学位。

　　1992—1995 年，本书第一作者在我国著名心理学家张厚粲先生的指导下攻读认知心理学博士学位时，继续在演绎推理心理学领域选择博士学位论文的课题进行研究，其间阅读和比较分析了国内外学者在演绎推理心理学领域所做的大量经典实验与理论模型，这些研究成果，尤其是本书第二章所述的经典实验简介和第三至五章所述的心理逻辑理论、心理模型理论、双重加工理论等理论模型，对本书第一作者进行博士学位论文的研究起到了很重要的启发作用。不过，在消化这些理论观点的过程中，本书第一作者也注意到当用这些理论来解释演绎推理结果时，似乎存在这样一个问题，即在判定推理者根据前提进行推理后得出的推理结论是否正确时，仅仅依据形式逻辑标准来进行判定，未能注意到推理者在判定推理结论是否能从前提中推论出来的心理加工过程，实际上会受到形式逻辑标准和前提与结论命题的内容标准等二重标准的影响（以下简称"问题 1"）。

围绕如何解决上述问题，本书第一作者在张厚粲先生的指导下完成了题为"论三段论推理过程结论正确性的判定标准"的博士学位论文研究，并在博士学位论文中首次提出了推理题与推理者的推理知识双重结构模型的雏形，该学位论文将其称为"判定三段论推理过程结论正确性的二重标准"的理论模型，这可以被视为推理题与推理者的推理知识双重结构模型提出和发展的第一个阶段。

就像其他推理心理学的理论模型在提出后，其理论内容有一个不断丰富和发展的过程一样，推理题与推理者的推理知识双重结构模型自 1995 年提出至今在内容上也有一个丰富和发展的过程，本书第一作者于 1995 年获得博士学位后到江西师范大学工作，其间在继续思考西方推理心理学相关理论后进一步发现，这些理论似乎还存在以下两个问题：第一，没有说清楚推理者在进行推理的心理加工活动时，其自身掌握的推理知识与推理题的内在结构之间的相互依存关系，这在哲学意义上属于主体与客体的相互关系（以下简称"问题 2"）；第二，没有说清楚理性加工-非理性加工与逻辑加工-非逻辑加工这两组概念之间的相互关系（以下简称"问题 3"）。

1997 年，本书第一作者到香港中文大学参加第二届华人心理学家学术研讨会，并在分组会上做了题为"修订版的判定三段论推理结论正确性的二重标准理论"的报告，这可以被视为推理题与推理者的推理知识双重结构模型提出和发展的第二个阶段。该文被收入由陈烜之和梁觉主编于 2000 年出版的《迈进中的华人心理学》一书中（胡竹菁，2000a）。

本书第二作者于 2010 年开始和本书第一作者一起对这一理论模型的表达方式继续进行研讨，逐渐认识到修订版的判定三段论推理结论正确性的二重标准理论也只是解决了前述的"问题 1"和"问题 3"，对"问题 2"的论述还是很薄弱，在不断讨论与凝聚共识的基础上，于 2015 年共同署名发表了《人类推理的"推理题与推理知识双重结构模型"》，这可以被视为推理题与推理者的推理知识双重结构模型提出和发展的第三个阶段。

第二节　推理题与推理者的推理知识双重结构模型的主要内容

一、初版判定三段论推理结论正确性的二重标准理论的主要内容

如前所述，判定三段论推理结论正确性的二重标准理论是本书第一作者根据西方推理心理学理论在解释推理者的推理结果时存在"问题 1"而提出的。西方演绎推理心理学研究的一个共同特点是：在对实验结果进行处理的过程中，在判定被试的结论正确与否时几乎只是根据形式逻辑规则来判定，而不考虑推理者在判定推理结论是否正确的心理活动过程中是否会受到前提和结论命题所含内容的影响。

例如，根据形式逻辑的观点，例 7-1 和例 7-2 两个范畴三段论推理题在推理形式上有着与例 7-3 共同的推理形式，即都是由第一格的 AAA 式构成的范畴三段论推理题。

例 7-1
所有的植物都是生物
所有的松树都是植物
———————————
所以，所有的松树都是生物

例 7-2
所有的大夫都是女人
所有的男人都是大夫
———————————
所以，所有的男人都是女人

例 7-3
所有的 M 都是 P
所有的 S 都是 M
———————————
所以，所有的 S 都是 P

根据形式逻辑条件命题，它们都是有效的推理。在西方现有研究中，如果推理者在对例 7-2 进行推理后得出该推理结论是"错"，即认为根据例 7-2 的两个前提不能推论出正确结论，那么，几乎所有西方研究者都一致认为因推理者所得出的这

种推论违反了形式逻辑规则而判定其是做了错误的推论。

　　笔者认为，这样的看法对于推理者来说是不公平的，因为虽然例 7-1 和例 7-2 在形式逻辑意义上具有相同的逻辑形式结构，但这两个范畴三段论推理题在推理内容的构成方面是不同的：例 7-1 的前提和结论在内容上是正确的，例 7-2 的前提和结论在内容上则是错误的。因此，知道某范畴三段论推理所含内容是正确还是错误的推理者在对例 7-2 进行推理时，如果他对"推理结论能否从两个前提中推论出来"这样的问题的回答是"可以"，换言之，即他们认为该推理结论是正确的，我们不能据此认为推理者不知道"男人不是女人"的道理，他们之所以会做出这样的回答，是因为根据形式逻辑的相关规则，这种推理结论是有效的；反之，如果推理者对"推理结论能否从两个前提中推论出来"这样的问题的回答是"不可以"，换言之，即他们认为该推理结论是错误的，那么我们也不能据此就认为推理者不知道形式逻辑的相关规则，不知道"所有的 M 都是 P，所有的 S 都是 M，所以，所有的 S 都是 P"是正确的逻辑推理形式。他们之所以会做出这样的回答，是因为从内容上来看，例 7-2 所示范畴三段论的两个前提和结论确实是错误的，如果根据内容标准来对该范畴三段论进行推理，结论当然应该是"不可以推论出'所有的男人都是女人'"。

　　为了在理论上解决前面所述的几个问题，本书第一作者在博士学位论文中提出了当时称之为"判定三段论推理结论正确性的二重标准"的理论模型，该理论模型主要包含以下三个方面的基本内容。

　　1）大学生被试在进行三段论推理的过程中，对三段论推理的结论做出"正确"或"错误"的判断时，会受到推理者在长时记忆中已有认知结构的影响。人们知识结构中的知识包括推理形式方面的知识和与推理内容有关的知识两个方面，这两种知识在推理者进行推理加工时都起着判定所选结论是否正确的衡量标准的作用。

　　2）这两种知识在衡量结论正确与否时的具体情况如下：①如果推理者判定该三段论推理在形式和内容两个方面都是错误的，则其会做出"该推理是错误的"反应；②如果推理者判定该三段论推理在形式和内容两个方面都是正确的，则其会做出"该推理是正确的"反应；③如果推理者判定该三段论推理在形式和内容这两个判定标准中一个是正确的，另一个是错误的时，其做出的反应则依赖于这两种知识的平衡状态，此时其反应又有如下三种可能：第一种可能的反应是，如果推理者在推理内容和推理形式两方面的知识大致平衡，那么其根据哪种标准做出抉择的倾向性在上述两个标准中各占一半，也就是说，这时，推理者或者做出"该推理是错误的"反应，或者做出"该推理是正确的"反应。第二种反应是，如果推理者在推理形式方面的知识强于推理内容方面的知识，或者根据已有的知识难以判定前提和结论的内容是否有错时，则其主要根据形式标准来判定推理结论的正误。第三种反应是，如果推理者在推理内容方面的知识强于推理形式方面的知识，则其主要根据内容标准来判定推理结论的正误。

3）非逻辑加工与逻辑加工是一个心理连续体，人们在进行三段论推理时处于该连续体的什么位置依其知识结构而定。一般来说，当推理者现有的知识不能解释前提中的信息，也就是说，推理者对前提信息的内容不理解，同时也缺乏形式逻辑学的有关知识时，那么其一般会在连续体的非逻辑加工这一端选取结论，因为他的认知结构使其不可能对该三段论推理进行逻辑加工；反之，如果推理者既能理解前提的内容含义，也具备一定的形式逻辑有关知识，那么他在推理时自然是在连续体的逻辑加工这一端选取结论，也就是说，推理者的认知结构决定了他对三段论的推理加工活动是一个逻辑加工过程。上述理论内涵如图 7-1 所示（胡竹菁，1995）。

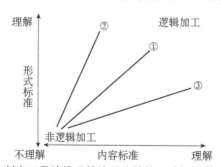

图 7-1　判定三段论推理结论正确性的二重标准模型示意图

注：①表示推理者在既掌握内容知识又掌握形式知识的前提下进行的推理。②表示推理者在所掌握的形式知识强于内容知识的前提下进行的推理。③表示推理者在所掌握的内容知识强于形式知识的前提下进行的推理

如图 7-1 所示，判定三段论推理结论正确性的二重标准模型实际上是对推理者进行推理时大脑中已有推理知识结构的解析，推理者在自身已有推理知识的基础上，在根据两个前提的信息判定推理结论的正误时，存在着推理形式和推理内容两种判定标准，这一推理活动也会因推理者对相应推理知识的掌握程度而被视为逻辑加工或非逻辑加工。

根据上述理论观点，胡竹菁（1995）还建构了一个流程图来描述推理者在进行

三段论推理时的心理加工过程，如图 7-2 所示。

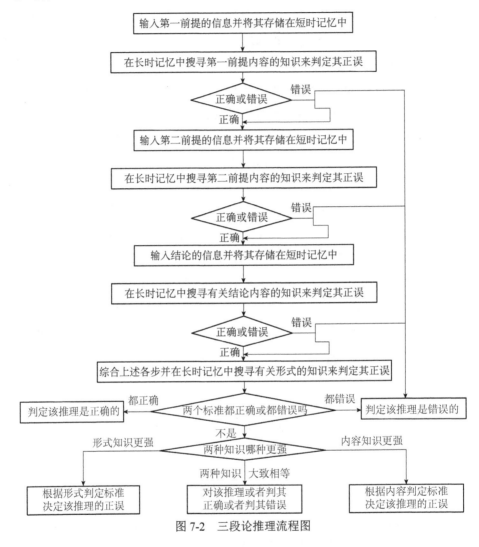

图 7-2　三段论推理流程图

二、修订版判定三段论推理结论正确性的二重标准理论模型的主要内容

如前所述，本书第一作者在江西师范大学工作期间，在继续审视西方推理心理学相关理论的基础上，一方面发现如图 7-1 所示判定三段论推理结论正确性的二重

标准模型中有关"两种判定标准"与"逻辑加工-非逻辑加工"相互关系的图解存在一定问题；另一方面发现这些理论似乎还存在前面提到过的"问题2"和"问题3"两个问题。

对于"问题2"，认知心理学认为，人类推理活动是在一定的认知结构中进行的。根据辩证唯物主义认识论的观点，人们的任何知识都只是人脑对客观现实的反映，因此，推理者有关推理的知识结构也只是推理试题结构在人脑中的反映。试题结构包括形式结构和内容结构两个方面，因此，推理者进行推理加工时所依赖的知识结构也就可分为推理形式知识和推理内容知识两个方面。人们在进行范畴三段论推理活动时，总是在现有知识结构的基础上对具有一定试题结构的三段论进行加工，然后选取结论的。无论是试题结构还是知识结构，都包含推理形式和推理内容两个方面，剖析西方范畴三段论推理心理学已有的研究，其似乎都未能解决好人类在进行推理过程中有关主体与客体两者之间的相互关系这一问题。

对于"问题3"，逻辑加工、非逻辑加工、理性加工及非理性加工（这四个概念中的"加工"一词都可用"推理"一词替代）是当代有关演绎推理的心理学研究报告中出现频率很高的几个概念，其中，有的心理学家把理性加工等同于逻辑加工，把非理性加工等同于非逻辑加工。现有的心理学研究一般把不按形式逻辑条件命题得出结论的推理模式称作非逻辑加工（即非理性加工），而把在形式逻辑条件命题指导下进行推理过程的推理模式称作逻辑加工（即理性加工）。笔者认为，理性加工和逻辑加工是两个不同的概念：理性加工指人们的推理结论是经过思考而得出的；非理性加工指人们的推理结论是仅凭猜测而得出的。如果推理者现有的知识不能解释前提中的信息，也就是说，推理者对前提信息的内容不理解，同时也缺乏形式逻辑的有关知识，一般来说，他在判定推理结果是否正确时只能进行猜测，因为他的认知结构使其不可能对该范畴三段论推理进行任何理性的逻辑加工，所以，这种推理就谈不上有什么理性，我们称之为非理性加工。相反，如果推理者既能理解前提的内容含义，也具备一定的形式逻辑知识，那么他在进行推理时就必然会去搜寻相关的推理知识来判定结论的正误，其推理结果是经过了推理者的理性思考后得出的，因此，这种推理就被称为理性加工。理性加工又可根据推理者判定结论时是否依据形式逻辑条件命题而分为逻辑加工和非逻辑加工两种。

由于"问题2"和"问题3"这两个问题在1995年提出的判定三段论推理结论正确性的二重标准模型的内涵中并没有体现出来，1997年，本书第一作者借参加第二届华人心理学家学术研讨会的机会，对这一理论模型进行了修订。修订版的判定三段论推理结论正确性的二重标准模型如图 7-3 所示。

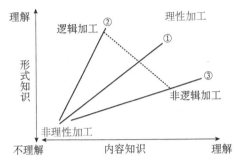

图 7-3　修订版的判定三段论推理结论正确性的二重标准模型示意图

由图 7-3 可知，修订版的判定三段论推理结论正确性的二重标准模型仍然只是对推理者进行推理时大脑中已有推理知识结构的解析。将图 7-3 所示模型与图 7-1 相比较可知，修订后的判定三段论推理结论正确性的二重标准模型中，"逻辑加工与非逻辑加工"维度的相应内涵是指：若根据形式逻辑的标准来判定结论的正误，则属于逻辑加工，若不是根据形式逻辑的标准，而是根据前提命题中所含内容的内容标准来判定结论的正误，则属于非逻辑加工。图 7-1 中有关"逻辑加工与非逻辑加工"这一维度的内涵实际上就是图 7-3 中的理性加工与非理性逻辑加工维度。

上述观点在第二届华人心理学家学术研讨会上被报告后，受到大会组织者的关注，被全文收录在此次大会精选的学术论文集《迈进中的华人心理学》中（胡竹菁，2000a）。两年后，与该模型相关的论文正式发表在《心理科学》2002 年第 3 期上（胡竹菁，2002）。

三、推理题与推理者的推理知识双重结构模型的主要内容

在理论模型的内涵表达方面，经过本书两位作者对该模型的内涵和表达方式进行反复讨论后，我们认识到前面两种版本的判定三段论推理结论正确性的二重标准模型示意图都只是对推理者进行推理时大脑中已有推理知识结构的解析，没有注意到推理者进行推理时大脑中已有推理知识结构只是对推理题内在结构的反映，换言之，这一理论模型原有的表达方式最主要的问题是没有很好地表达推理者

和推理题两者之间的主体与客体的相互关系，因此有必要在原有基本观点的基础上对这一理论模型进行重新建构，重构后的理论模型于 2015 年在《心理学探新》第 3 期上发表时被称为"推理题与推理知识双重结构模型"（胡竹菁，胡笑羽，2015），2016 年后，笔者将这一模型统一改称为"推理题与推理者的推理知识双重结构模型"。根据胡竹菁和胡笑羽（2015）的研究，这一模型的内涵如图 7-4 所示。

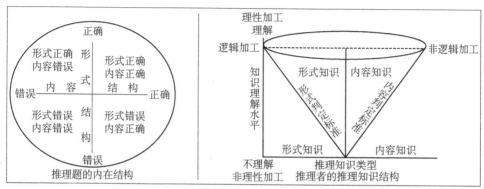

图 7-4　推理题与推理者的推理知识双重结构模型图

推理题与推理者的推理知识双重结构模型主要包括以下三方面内涵：①推理行为是推理者在现有推理知识结构的基础上解决具有一定结构的推理题的心理加工结果；②推理者对完成推理任务所需要的推理知识的理解水平决定了其推理性质是属于理性加工还是非理性加工；③推理者在判定推理结论的过程中存在形式和内容两种判定标准，并由此决定其推理性质是属于逻辑加工还是非逻辑加工。下面我们对这三方面内涵进行详细解析。

1. 推理行为是推理者在现有推理知识结构的基础上解决具有一定结构的推理题的心理加工结果

从某种意义上说，推理心理学研究中所说的推理行为是指某位推理者在解决推理题过程中的心理加工结果。这是一个主体（推理者）与客体（推理题）相互作用的过程，使推理行为得以完成的主体和客体各自都有自己的内在结构，因此，该理论模型名称中所谓"双重结构"就是指推理题的内在结构和推理者的推理知识结构。就像图 7-4 所示的那样：左图为推理题的内在结构，右图为推理者的推理知识结构。

所谓推理题的内在结构，是指推理者在进行推理时所面对的任何推理题都具有自身的结构，这是独立于推理者之外的客体信息，它的存在不依赖于任何推理者。正如图 7-4 左图所示，其结构又可以区分为形式结构和内容结构两个方面。

在形式结构方面，推理题既可以是范畴三段论推理题，也可以是线性三段论推理题，还可以是联言推理、选言推理或假言推理等形式的推理题。例如，例 7-3 所示的推理题在形式结构上属于纯形式的第一格 AAA 式三段论推理题，下面例 7-4 所示的推理题在形式结构上则属于纯形式的 MP 假言推理题。

例 7-4

如果 P，那么 Q

P＿＿＿＿＿＿＿＿＿＿

所以，Q

形式逻辑学的研究指出，任何推理题都具有自己特定的形式结构，以范畴三段论为例，其一般是由三个性质命题所组成的推理，其中前两个命题为推理前提，后一个命题为结论。每个命题都可以是全称肯定、全称否定、特称肯定、特称否定这四种类型中的其中一种命题，因此可以有 64 种不同类型的三段论形式，再加上两个前提中的中项存在四种不同位置的差异，因此一共可以有 256 种不同形式结构的三段论推理题。

在内容结构方面，当用具有不同内涵的内容替代上述各种形式的推理题时，该推理题就既包含形式结构，也包含内容结构了。例如，当用"植物"、"生物"和"松树"这三个词汇分别替代例 7-3 所示推理题中的 M、P 和 S 三个字母时，就形成了例 7-1 这样的具有具体内容的三段论推理题；而如果用"天降大雨"和"露天运动场会被淋湿"这两个句子分别替代例 7-4 所示推理题中的 P 和 Q 两个字母时，就形成了如例 7-5 所示的包含具体内容的假言推理题。

例 7-5

如果天降大雨，那么露天运动场会被淋湿

现在天降大雨＿＿＿＿＿＿＿＿＿＿＿＿＿

所以，露天运动场被淋湿了

人类的推理行为通常是推理者在现有已经掌握的推理知识的指导下进行的。根据马克思主义哲学原理，人类的知识是对客观现实的反映，表现在推理行为上，个体在进行推理活动时所需要的推理知识是他对推理题的内在结构的反映。由于推理题的结构包括形式结构和内容结构两个方面，因此，正如图 7-4 右图横轴所表征的推理知识类型所示，个体进行推理活动时所需要的推理知识相应地也可以区分为形式知识和内容知识两种类型，换言之，与推理题的内在结构相对应，推理者的推理知识结构也包括形式知识和内容知识两种类型。

著名心理学家库尔特·勒温曾经用如下公式来描述人类个体的行为与其所处环境的相互关系：

$$B = f(P, \ E)$$

该公式的内涵是：任何行为（B）都是行为者的个体状态（P）与其所处环境（E）的函数（库尔特·勒温，1997）。借用勒温的这种描述，我们也可以将人类的推理行为用如下公式表示：

$$B_{(r)} = f(IS_{(form)}、\ IS_{(content)}, \ KS_{(form)}、\ KS_{(content)})$$

该公式的内涵是：人的推理行为是推理题内在结构和推理者所掌握的推理知识结构的函数，其中，$B_{(r)}$ 表示个体的推理行为；$IS_{(form)}$ 表示推理题内在结构中的形式结构；$IS_{(content)}$ 表示推理题内在结构中的内容结构；$KS_{(form)}$ 表示推理者所掌握的推理知识结构中的形式知识结构；$KS_{(content)}$ 表示推理者所掌握的推理知识结构中的内容知识结构。

2. 推理者对完成推理任务所需要的推理知识的理解水平决定了其推理性质是属于理性加工还是非理性加工

虽然不同个体对各种不同类型推理题的推理行为都是在推理者现有推理知识结构的基础上进行心理加工的结果，但不同个体在解决不同类型的推理题时，对于解决该推理题相应的推理知识的理解水平（或掌握程度）是不一样的。如图 7-4 右边的"推理者的推理知识结构"所示，我们用纵轴来表示推理者的知识理解水平，并且用一个倒立的圆锥体来表征某一个体在进行推理时所掌握的推理知识的程度，如果某位推理者所掌握的推理知识位于该圆锥体的底端，表示他没有掌握完成推理任务所需要的推理知识；相反，如果某位推理者所掌握的推理知识位于该圆锥体的顶端，表示该推理者是在掌握较多推理知识的基础上完成推理任务的。当然，与横轴相对应，该推理者所掌握的知识也可以区分为推理形式知识和推理内容知识两种类型。

推理者在推理时已经掌握的推理知识的多少决定了他对推理结果做出什么样的反应，如例 7-6 和例 7-7 所示。

例 7-6

有些M是P

有些S是M

所以，有些S是P

例 7-7

所有的烯烃都是有机化合物

所有的甲烯都是烯烃

所以，所有的甲烯都是有机化合物

对于例 7-6 这样的三段论推理题，推理者是否掌握了解决该题所需要的形式知识，其推理结果是有很大差异的，常见的结果是：没有掌握形式逻辑知识的推理者通常会做出"该题的结论可以从两个前提中推论出来"的推理结果，但掌握了形式逻辑知识的推理者则因为知道"两个特称前提不能推出必然结论"这样的形式逻辑的三段论推理规则，因此会做出"该题的结论不可以从两个前提中推论出来"的推理结果。

对于例 7-7 这样的三段论推理题，从推理题的逻辑形式上说，它是与例 7-1 同样类型的推理题，但是从推理题的命题所含内容上说，它是与例 7-2 属于同样类型的推理题，即其中有的命题所表达的内容是错误的。因此，推理者是否掌握了解决该题所需要的内容知识，其推理结果也就会有很大差异：对于没有掌握该题内容知识的推理者来说，由于该题在形式上是正确的，因此会做出与例 7-1 同样的推理结果；但如果推理者掌握了该题相应的内容知识，那么，虽然该题在形式上是与例 7-1 同样形式的推理题，但是因为推理者知道推理题中含有错误命题，即"不存在称之为'甲烯'的烯烃"，因此推理者不一定会做出与例 7-1 同样的推理结果，有相当一部分推理者可能会做出例 7-2 那样的推论。

《中国大百科全书》中并未收录"理性"一词的词条，但包含"理性认识"一词的词条，具体界定见本书第五章。由此可知，从哲学意义上说，人类的推理行为属于"理性认识"范畴。在图 7-4 所示的推理题与推理者的推理知识双重结构模型图中，我们用"理性推理"维度来反映处于不同知识水平的推理者所进行的推理加工的性质：推理者在掌握较多推理知识时所进行的推理加工属于理性加工，推理者在不理解或掌握较少推理知识时所进行的推理加工则属于非理性加工（胡竹菁，胡笑羽，2015）。

3. 推理者在判定推理结论的过程中存在形式和内容两种判定标准，并由此决定其推理性质是属于逻辑加工还是非逻辑加工

形式逻辑学对不同逻辑形式结构的推理题规定了不同的逻辑推理规则，并且规定不管内容是否正确，只有符合特定形式逻辑规则的推理才能根据推理前提推论出正确的结论。但是，世界上的任何事物都有内容和形式两个方面，是内容和形式的统一体，因此，推理题的结构不能只注意其形式结构，也应该注意其内容结构。也就是说，形式逻辑只是规定了推理题形式结构中判定推理结果是正确还是错误的标准（即形式判定标准），心理学对推理加工过程的研究还应该关注推理题的内容判定标准（胡竹菁，1999b；胡竹菁等，2002；胡竹菁，朱丽萍，2003）。

在图 7-4 中，我们可以看到无论是推理形式还是推理内容，都有正确与错误之分，两者结合就形成了四种不同结构类型的推理题：①形式和内容都正确；②形式和内容都错误；③形式正确内容错误；④形式错误内容正确。

如前所述，推理者的推理知识结构是对推理题的内在结构的反映，因此，在掌握了推理知识的推理者的知识结构中，推理者心中存在两种判定推理结论是否正确的标准：一种是通过形式知识来判定推理结论是正确还是错误的形式判定标准；另一种是根据内容知识来判定推理结论是正确还是错误的内容判定标准。在此，我们用逻辑推理维度来反映对这两种知识所掌握的比例不同的推理者所进行的推理加工行为：当推理者用形式判定标准来判定推理结论是否正确时，我们称该推理者所进行的推理加工为逻辑加工；当推理者用内容判定标准来判定推理结论是否正确时，我们称该推理者所进行的推理加工为非逻辑加工。例如，读者可以思考一下自己对前面例 7-2 所述推理题的心理加工过程："所有的大夫都是女人，所有的男人都是大夫，所以，所有的男人都是女人。"显然，例 7-2 的内在结构属于"形式正确内容错误"的类型。所谓"形式正确"，是指从推理形式上说，例 7-2 与前面所述的例 7-1、例 7-3、例 7-7 是一样的，属于有效的三段论推理，因此，按照形式逻辑规则，对于例 7-2，我们可以从两个前提中推出"所有的男人都是女人"这一有效结论；所谓"内容错误"，是指从推理内容上说，组成三段论的三个命题在内容上都是错误的，生活常识告诉我们，大夫不可能都是女性，男性也不可能都是大夫，男人更不可能是女人。

当推理者既掌握了该推理题的形式推理规则，也知道了该推理题的内容是错误的，那么在对这类推理题进行推理的心理加工活动时，形式和内容两种判定标准就会在该推理者心中产生矛盾，其结果只能是以下两种结果之一：第一种推理结果是按形式判定标准判定该推理结论为"有效的"（正确的）。当推理者做出这样的推论时，我们不能说该推理者不知道"男人不是女人"的道理，他只是按形式逻辑的推理规则判定该推理为"正确的"，我们把这类推理加工的性质称为逻辑加工。第二种推理结果是按内容判定标准判定该推理结论为"无效的"（错误的）。当推理者做出这样的推论时，我们不能说该推理者不知道该推理题在形式逻辑规则上是正确的，他只是按内容判定标准判定该推理是"错误的"，我们把这类推理加工的性质称为非逻辑加工。

　　这里有两点需要注意。第一，图 7-4 右边的"推理者的推理知识结构"图反映的是推理者所掌握的两种知识是平衡的情况，但在实际情况中，每位推理者面对不同推理题时所掌握的两种知识的程度经常是不一样的：当推理者的形式知识多于内容知识时，"推理者的推理知识结构"图中的中间那条竖线就会向右偏，这种情况下可以预测推理者将更倾向于根据形式判定标准来判定推理结论是否正确，其加工性质就属于逻辑加工；当推理者的内容知识多于形式知识时，"推理者的推理知识结构"图中的中间那条竖线就会向左偏，这种情况下则可以预测推理者将更倾向于根据内容判定标准来判定推理结论是否正确，其加工性质就属于非逻辑加工。第二，在该模型中，无论是逻辑加工还是非逻辑加工，都是推理者掌握一定推理知识的加工，因此都属于理性加工；而非理性加工则是指推理者在不理解或掌握较少推理知识时所进行的推理加工。

第三节　推理题与推理者的推理知识双重结构模型的实验证据

一、关于三段论推理结论正误判定标准的实验研究

　　推理题与推理者的推理知识双重结构模型主要来自以下两个实验：一个是胡竹菁（1995）在完成其博士学位论文过程中进行的实验；另一个是胡竹菁（2000a）在参加 1997 年第二届华人心理学家学术研讨会之后，应邀撰写会议论文集中的一篇文章时的补充实验。下面我们分述之。

1. 问题的提出

对这一理论模型进行实证研究的核心问题在于人们在进行推理的心理加工过程中，在判定推理结论正确性时是否存在形式和内容两种判定标准。1995 年，本书第一作者在我国著名心理学家张厚粲先生的指导下撰写博士论文时，对人类演绎推理过程中有关推理形式和推理内容之间的相互关系进行了研究，其主要实验结果发表在《心理学报》1996 年第 1 期上（胡竹菁，张厚粲，1996）。

如前所述，西方演绎推理心理学研究的一个共同特点是：在对实验结果进行处理的过程中，在判定被试的结论正确与否时几乎只是根据形式逻辑规则来判定，而不考虑推理者在判定推理结论的心理活动过程中是否会受到前提和结论命题所含内容的影响。

本书第一作者认为，对于这个问题，我们可以通过分析具有不同知识结构的被试对具有不同试题结构（包括形式结构和内容结构两方面）的推理题的作答反应来验证。在试题结构上，推理的逻辑形式和推理题所含的内容都有正确和错误之分：从逻辑形式上看，例 7-3 是正确的范畴三段论推理形式，例 7-7 则是错误的范畴三段论推理形式。从推理题所含的内容上看，例 7-1 和例 7-2 具有相同的正确的范畴三段论推理形式，但前者所含的前提和结论的内容是正确的，后者所含的前提和结论的内容则是错误的。

因此，将推理题的形式和内容两方面的正误结合在一起进行考虑，任何一道范畴三段论推理题只能是以下四种不同结构类型中的其中一种：①形式和内容都正确（例 7-1）；②形式和内容都错误；③形式正确内容错误（例 7-2）；④形式错误内容正确。

对于被试的知识结构，研究者认为，可以通过被试对构成范畴三段论推理题前提内容的正误判定来确定其推理内容知识方面的知识差异，通过被试对纯形式的范畴三段论推理题的正误反应来判定其推理形式知识方面的差异。

研究者的假设是：如果具有相同的形式知识结构但内容知识结构不同的被试在上述"形式正确内容错误"的推理题中的反应不一样，就可以把这种误差源归于推理者所掌握的内容知识结构的不同，表明推理者在判定推理结论正误时的心理加工过程中，存在着与逻辑形式标准不同的另外一种判定标准，即推理的内容标准。

因此，本实验研究的目的就在于，随机抽取具有相同形式知识结构但具有不同内容知识结构的被试，通过他们对含有正确的推理形式但错误的推理内容的范畴三段论推理的不同反应，即面对要解决的推理题在形式标准和内容标准这两种判定结论正误的标准相互冲突的情况，他们是如何选用已有知识结构中有关形式和内容的两种判定标准来对该推理结论是否能从两个前提中推论出来这一问题做出自己的判定的，由此来证明推理者在对范畴三段论推理的结论正确性进行判定的过程中是否存在形式和内容两种判定标准（胡竹菁，张厚粲，1996）。

2. 实验设计

本研究包含一个主测验和一个辅助测验，主测验是指范畴三段论推理测验，目的在于测定被试在由不同试题结构组成的范畴三段论推理题上的心理加工规律；辅助测验是句子判断测验，目的在于确定被试在进行推理加工时对所依据的推理内容知识的掌握情况。

范畴三段论推理测验采用的实验方法是两因素混合实验设计。第一个自变量为推理者的知识背景，含专业背景和非专业背景两个水平。这是组间变量，由理解推理题中有关化学专业内容知识的化学系大学生组成专业组，由不理解推理题中有关化学专业内容知识的哲学系大学生组成非专业组。第二个自变量为组成范畴三段论推理题中各前提命题中所含的内容知识的性质，含日常生活内容和化学专业内容两个水平。这是组内变量，即每一位被试都需要对这两种不同内容性质的推理题进行求解。

范畴三段论推理测验包括 10 道试题。其中 8 道试题是在推理形式上能推出正确结论，但在推理内容方面包含一个错误前提的试题。为了避免被试在推理加工时只着眼于推理内容，根本不考虑推理形式就做出该推理结论为"错误的"判定，我们另外设计了 2 道在推理形式与推理内容两个方面都正确的三段论推理题，这 2 道试题的推理结果不计入统计分析。

8 道测试题又分为两大类，每类各包含 4 道题：第一类推理题的前提是由日常生活内容所构成的范畴三段论推理题，如"所有的恒星都是自身能发光的星球，月亮是恒星*，所以，月亮是自身能发光的星球"；第二类推理题是在形式上与前 4 题完全一样，但在内容上是以化学专业内容为前提的范畴三段论推理题，如"所有的烯烃化合物都是有机化合物，甲烯是烯烃*，所以，甲烯是有机化合物*"。在这两个范畴三段论推理题中，带"*"的前提或结论命题在内容上是错误的。

句子判断子测验包括 16 道句子判断题，由范畴三段论推理测验的 8 道推理题的 16 个前提所组成。其中一半为日常生活内容的句子，另一半为化学专业内容的句子；同时，一半为内容正确的句子，另一半为内容错误的句子。

共有 64 名大学生参与了本实验的测试，其中，专业组和非专业组被试各 32 名。在实验过程中，所有被试都先做完范畴三段论推理题，休息 5 分钟后再做句子判断题。为了避免被试参考前面的试题，全部测验题都被录入计算机中。被试根据计算机上的提示信息在键盘上操作解题。在范畴三段论推理测验中，被试的任务是对推理结果的正误做出判断；在句子判断测验中，被试的任务是对句子内容是否正确做出判断。

3. 实验结果

为方便分析，下面将在介绍完句子判断测验的实验结果后再介绍范畴三段论推理测验的实验结果。

（1）句子判断测验的实验结果

两组被试在句子判断测验中对两种类型推理题的正误前提（各 4 题）判定为"对"和"错"的人次统计表如表 7-1。由表 7-1 可推知如下两方面结果。

表 7-1　两组被试在句子判断测验中对两种类型推理题中的正误前提（各 4 题）判定为"对"和"错"的人次统计表

组别	日常生活试题		化学专业试题	
	对	错	对	错
非专业组	26	102	60	68
专业组	28	100	17	111

注：专业组及非专业组的人数均为 32 人，每种类型含 4 个句子，因此总作答人次均为 32×4=128，下同

第一，在句子判断测验中，两组被试对日常生活内容的掌握水平是差不多的。非专业组大学生被试对错误前提判定为"对"和"错"的分别为 26 人次和 102 人次，卡方检验结果表明，这组被试选择"错"（即正确答案）的人次显著多于选择"对"的人次。专业组被试对错误前提判定为"对"和"错"的分别为 28 人次和 100 人次，卡方检验结果表明，这组被试选择"错"（即正确答案）的人次也显著多于选择"对"的人次。上述结果分析表明，两组被试基本掌握了句子判断测验中的内容含义。

从另外一个角度分析，这两组被试将错误前提判定为"对"（即错误作答）的分别为 26 人次 和 28 人次，对这组数据的差异进行卡方检验，结果发现，

$\chi^2 = 0.094$，$p>0.05$，两者差异未达到显著水平，表明在由日常生活内容所构成的推理题的推理内容知识方面，无论是对内容正确的句子还是对内容错误的句子，两组被试对前提所做的正误判断都有很高的正确率。这些实验结果表明，在进行由日常生活内容所构成的范畴三段论推理时，两组被试都是在基本掌握了有关推理内容方面的知识，且是在相同的内容知识结构的条件下完成推理任务的。

第二，在句子判断测验中，两组被试对化学专业内容的掌握水平差异很大。非专业组被试对错误前提判定为"对"和"错"的分别为 60 人次和 68 人次，卡方检验结果表明，这组被试选择"对"和"错"的人次之间没有显著差异，在一定程度上说明他们在这类判断题上对"对"和"错"两种结果的选择是随机的，可以认为他们并没有掌握这类句子判断题中的化学专业内容知识的含义；专业组被试对错误前提判定为"对"和"错"的分别为 17 人次和 111 人次，卡方检验结果表明，这组被试选择"错"（即正确答案）的人次显著多于选择"对"的人次，将专业组被试在这类句子判断中的作答结果与他们对由生活内容构成的句子判断题的作答结果进行比较后可知，这组被试对日常生活内容和化学专业内容两种类型的错误句子回答为"错"（正确判定）的人次要显著多于回答为"对"的人次，表明他们基本上掌握了句子判断题中的内容含义。

从另外一个角度分析，非专业组被试将错误前提判定为"对"（即错误作答）的为 60 人次，专业组被试将错误前提判定为"对"的为 17 人次，对这组数据的差异进行卡方检验，结果发现，$\chi^2 = 34.34$，$p<0.01$，两者差异显著，这表明，对于由化学专业内容构成的范畴三段论推理题，非专业组被试是在没有掌握内容知识的基础上完成推理任务的，而专业组被试则是在已经掌握内容知识的基础上完成推理任务的。

表 7-1 的实验结果表明，在进行由专业知识内容所组成的范畴三段论推理时，两组被试所掌握的有关推理内容的知识结构是不同的，专业组被试对推理内容知识的掌握程度比非专业组被试更好。换言之，两组被试是在掌握不同内容背景的基础上来完成化学专业推理题的推理任务的。

总之，一方面，两组被试对推理形式知识的掌握情况大体上是一致的，虽然胡竹菁（1995）在做实验时假定两组大学生被试在推理形式知识的掌握上是一致的，故没有用实验来验证这一点，这是一个缺陷，但后来的多次其他实验结果均支持这一假设。在对诸如"所有的 X 都是 Y，Z 是 X，所以，Z 是 Y"这样的纯形式的范畴三段论推理题的推理过程中，不同系科的大学生被试中都有高达90%以上的被试认为结论是正确的，统计分析结果也表明，他们之间是没有显著差异的，因此，这可间接支持上述观点。另一方面，句子判断测验的结果表明，两组被试在对由日常生活内容构成的范畴三段论推理题的推理过程中，都是在已掌握推理所需的推理内容知识和推理形式知识的基础上进行推理加工的；而在对由化学专业内容所构成的范畴三段论推理题的推理过程中，专业组被试是在已基本掌握推理所需的内容知识的基础上进行推理加工的，但非专业组被试则是在较少掌握或未掌握推理所需的内容知识的基础上进行推理加工的。

（2）范畴三段论推理测验的实验结果

两组被试在两种范畴三段论推理实验中的实验结果如表 7-2 和表 7-3 所示。

表 7-2　两组被试在两种范畴三段论推理题中判定为"对"的人次统计表

组别	日常生活试题		化学专业试题	
	对	错	对	错
非专业组	74	54	102	26
专业组	59	69	63	65

表 7-3　两组被试对两种范畴三段论推理结果的方差分析表

来源	平方和	df	均方	F	p
分组	22.78	1	22.78	12.91	0.0005
分组误差	109.44	62	1.76		
题目	8.00	1	8.00	11.40	0.0013
题目误差	43.50	62	0.70		
分组×题目	4.50	1	4.50	6.41	0.0139
总体	188.22	67			

由表 7-2 和表 7-3 可知，总体而言，两组被试之间的差异、两种题目之间的差异以及这两个因素之间的交互作用都是显著的。

在了解了上述总体结果后，需对各因素的主效应进行进一步的分析。在以日常生活内容为前提的范畴三段论推理题上，两组被试选择"对"的分别为 74 人次和 59 人次，其卡方检验结果为，$\chi^2=3.80$, $p>0.05$，表明两者之间的差异是不显著的，其差异在统计学上只是由随机误差造成的；而在以化学专业知识内容为前提的范畴三段论推理题上，两组被试选择"对"的分别为 102 人次和 63 人次，其卡方检验结果为，$\chi^2=25.93$，大于 $\chi^2_{(0.005)}=7.88$，表明非专业组被试选择"对"的人次明显多于专业组被试选择"对"的人次。

就各组被试在两种试题上的选择而言，非专业组被试在以日常生活内容为前提和以专业知识内容为前提的两种试题上，选择结论为"对"的分别为 74 人次和 102 人次，其卡方检验结果为，$\chi^2=14.25$，$p<0.01$，表明他们在第二种试题上选择"对"的人次显著多于选择"错"的人次；而专业组被试在对同样的两种范畴三段论推理题进行推理时，选择结论为"对"的分别为 59 人次和 63 人次，其卡方检验结果为，$\chi^2=0.25$，$p>0.05$，差异不显著，表明他们在两种试题上的差异只是由随机误差造成的。

为什么会出现上述这样的结果呢？我们认为，这是与人们进行在推理过程中对结论的正误进行判断时所依据的判定标准相联系的。按照辩证唯物主义的观点，人们的知识只是对客观存在的反映。有关推理方面的知识结构也只是对试题结构中所包含的意义的反映。任何范畴三段论推理题都有形式和内容两个方面，那么，人们的推理知识结构也就可分为这两个方面。当人们在接受两个前提的信息后进行推理时，判定结论是对还是错的判断标准也就有两种：一是看其是否符合形式逻辑上的有关定理；二是用自己已经掌握的知识判定前提内容是否正确。在本实验中，我们控制的范畴三段论推理题的结构是：形式上能推出正确结论但有一前提在内容上是错误的测试题。据此，对于上述第一种结果，即两组被试在对以日常生活内容为前提的范畴三段论推理题的推理结果上没有显著差异，而在对以专业知识内容为前提的范畴三段论推理题的推理结果上有显著差异这一实验结果，是否可推论其是由两种判定标准之间的矛盾所造成的呢？换言之，当被试知道某一前提有错，也知道该范畴三段论推理题在形式上是正确的时候，在两种评定标准中选用哪一种来判定推理结论是"对"还是"错"会使被试产生心理矛盾，由此出现一半人选用内容标准而另一半人选用形式标准的结果。两组被试在对以日常生活内容为前提的范畴三段论推理题的结论正误的判定结果支持这一假设。

对于上述第二种结果，即非专业组被试在对以专业知识内容为前提的范畴三段论推理题的结论进行正误判定的过程中，选择结论是"对"的人次显著多于专业组被试选择"对"的人次，是否可推断这也是由试题内容结构和被试的知识结构不同所致？因为这类试题内容是由化学专业知识所构成的，所以，非专业组被试在不知道前提内容有错的情况下，只好选用形式标准来判定该推理题是对还是错，因此有近80%的人次对这种推理做出了"对"的选择；而专业组被试由于对以专业内容知识为前提构成的范畴三段论推理题进行推理时，就像他们对以日常生活内容为前提构成的范畴三段论推理题进行推理时一样，一看就知道前提内容有错，所以，他们对结论正误的推断结果也就像对以日常生活内容为前提的范畴三段论推理题的推断一样，判定结论为"对"的人次和判定结论为"错"的人次之间的差异不显著，其差别只是由随机误差造成的。

前面所述实验结果对于人们在完成范畴三段论推理过程中，根据两个前提来判定结论的正误时大脑中存在着形式逻辑标准和内容标准两种不同的判定标准这一观点提供了支持证据，由此也可以对逻辑加工（根据形式逻辑标准判定推理结论是否正确）和非逻辑加工（根据内容标准判定推理结论是否正确）的相互关系做出一定的解释。

二、推理知识的掌握水平影响推理结果的实验研究

1. 问题的提出

胡竹菁（1995）的博士学位论文提示人们在进行范畴三段论推理的过程中，在根据两个前提判定推理结论是否正确的过程中，其知识结构中存在形式逻辑标准和内容标准两种判定标准，并由此决定了当推理者根据形式逻辑标准来判定推理结论是否正确时，其加工过程属于逻辑加工；当推理者根据内容标准来判定推理结论是否正确时，其加工过程属于非逻辑加工。

胡竹菁（1995）的博士学位论文中的实验数据并不能为其理论模型中有关理性加工和非理性加工的观点提供实证支持，因此，胡竹菁（2000a）补充实验的目的是想通过比较小学生与大学生对同样推理试题的推理加工结果，来探求人们在调用大脑中的已有知识进行推理加工时的理性加工和非理性加工的相互关系。其研究假设是：没有掌握相关推理知识的推理者在解答范畴三段论推理题时，会通过猜测来判定结论的正误。

2. 实验设计

采用胡竹菁（1995）博士学位论文中使用的范畴三段论推理题和相应的句子判断题作为本研究的主测验和辅助测验一的实验材料。考虑到胡竹菁（1995）的实验

中没有使用纯形式逻辑题来测试推理者（即大学生被试）对形式逻辑知识的掌握情况（这可被视为存在一定的实验设计缺陷），因此，本研究的主测验中增加了几道与主测验的 8 道范畴三段论推理题对应的纯形式逻辑题，目的是测试推理者对形式逻辑知识的掌握情况。

来自两个不同的群体参与了本研究的测试：第一个群体是在某小学随机抽取的 59 名四年级学生；第二个群体是在某大学随机抽取的 30 名大学生（其中 15 名来自哲学系，15 名来自化学系），以这 30 名大学生的测试结果作为大学生被试在推理时是否掌握了相关形式逻辑知识的参考。

在实验过程中，首先将小学生被试随机分成两组：第一组（30 名被试）先完成范畴三段论推理测验，之后休息 2 分钟再完成句子判断测验；第二组（29 名被试）则先完成句子判断测验，之后休息 2 分钟再完成范畴三段论推理测验。为了避免被试在完成推理测验的过程中参考前面的试题，每一道测验题都打印在一页纸上，被试在解题时只许向后翻看，不许向前翻看。被试在范畴三段论推理测验中的任务是对推理结果的正误做出自己的判断，在句子判断测验中的任务是对句子内容是否正确做出判断。在上述两个测验中，被试如有不理解之处，允许他们进行猜测。由于两组小学生被试的各项测试结果之间的差异并不显著，所以将两组被试的测试成绩合并处理。

30 名大学生被试只做三段论推理测验中的几道纯形式逻辑推理题，其程序也是每次只能看见一道试题，在做后面的试题时不允许翻看前面的试题。

3. 结果分析

（1）纯形式逻辑题和辅助测验的结果分析

如前所述，纯形式逻辑题的设置目的是想测试推理者对形式逻辑知识的掌握情况。研究假设是：大学生被试是在基本掌握形式逻辑知识的背景下进行推理作业的，而小学生被试则是在没有掌握形式逻辑知识的背景下进行推理作业的。

本研究的结果表明，大学生被试对与主测验中范畴三段论相对应的"所有的 X 都是 Y，所有的 Z 都是 X，因此，所有的 Z 都是 Y"这样的纯形式逻辑题的正确率高达 92%，这在一定程度上说明胡竹菁（1995）实验中的大学生被试是在基本掌握形式逻辑知识的背景下进行推理作业的。小学生被试对此的判定结果则是：51% 的小学生被试认为结论能够从两个前提中推论出来，其他 49% 的小学生被试则认为结论不能够从两个前提中推论出来，这在一定程度上表明小学生对纯形式逻辑题的推理结果基本上是随机作答的，说明他们是在未能掌握形式逻辑知识的背景下进行推理作业的。

如前所述，实施句子判断测验的目的是了解推理者对推理内容的掌握情况。该测验要求被试对由两种类型推理题中的正确前提和错误前提（各 4 题）所构成的测验中的每个句子内容是否正确做出自己的判定（认为"正确"就做出"对"的选择，认为"不正确"就做出"错"的选择）。将前述表 7-1 所示的胡竹菁（1995）的测验结果和本研究中小学生在句子判断测验中的测试结果结合在一起，就形成了如表 7-4 所示的结果（胡竹菁，2000a）。

表 7-4　三组被试在句子判断测验中选择"对"的人次统计表

组别	人数/人	日常生活试题		化学专业试题	
		对	错	对	错
非专业组	32	26	102	60	68
专业组	32	28	100	17	111
小学生被试	59	149	87	131	105

注：小学生人数为 59 人，总作答人次为 59×4=236，下同

我们对句子判断测验的结果主要分析内容为错的测验数据。表 7-4 中有关大学生被试的数据在前面已经分析过了，在此只分析与小学生被试有关的研究结果。

1）在由日常生活内容所构成的错误句子判断题中，小学生判定其是"对"和"错"的人次比为 149∶87，卡方检验结果表明，两组被试选择"对"（即错误答案）的人次显著多于选择"错"（即正确答案）的人次，表明这些被试并没有掌握句子判断题中的内容含义。

2）在由化学专业内容所构成的错误句子判断题中，小学生判定其是"对"和"错"的人次比为 131∶105，卡方检验结果表明，这些被试选择"对"和选择"错"的人次之间没有显著差异，说明他们在这类判断题上对"对"和"错"两种结果的选择是随机的，也可以认为他们并没有掌握这类句子判断题中的化学专业内容知识的含义。

（2）范畴三段论推理测验的结果分析

将前述表 7-2 所示胡竹菁（1995）的实验研究结果和本研究中小学生在范畴三段论推理测验中的测试结果结合在一起，就形成了如表 7-5 所示的三组被试在范畴三段论推理测验中对两种类型推理题中的结论是否正确判定为"对"的结果统计表

（胡竹菁，2000a）。表 7-5 中有关大学生被试的数据在前面已经有过分析，在此只分析与小学生被试有关的研究结果。

表 7-5   三组被试对两种范畴三段论推理题结论的正误判定为"对"的人次统计表

组别	人数/人	日常生活试题		化学专业试题	
		对	错	对	错
非专业组	32	74	54	102	26
专业组	32	59	69	63	65
小学生被试	59	104	132	117	119

对表 7-5 中有关小学生被试对两种三段论推理题结论的正误所做的判定进行统计检验分析可知，对由日常生活内容构成的推理题作答为"对"和"错"的人次比为 104：132，卡方检验结果为：$\chi^2=3.32$，$p>0.05$，未达到显著水平；对由化学专业内容构成的推理题作答为"对"和"错"的人次比为 117：119，不需要进行假设检验也可断定他们对"对"和"错"每种作答的人次结果各接近一半，两者不存在显著差异。

上述结果分析表明，无论是在由日常生活内容还是在由化学专业内容所构成的三段论推理题上，小学生被试在进行推理加工时，选择推理结论是"对"和"错"的人次之间都未达到统计学意义上的显著水平，表明他们的作答是随机的。

小学生对两种内容所构成的三段论推理题进行推理时的作答结果与化学系大学生被试基本相同，即在选择结论是"对"和"错"的人次之间没有显著差异。但是否可以由此推断他们也像化学系大学生被试一样，是由他们在大脑已掌握的有关推理内容和推理形式方面的两种知识之间的判定标准上有矛盾而造成的呢？答案是否定的，因为由句子判断测验可知，一方面，对于主测验中的三段论推理前提所涉及的内容方面的知识，两组大学生被试对于日常生活内容知识是已经掌握并且在掌握程度上大体也是一致的，但在对有关化学专业内容知识的掌握上，化学系被试要比哲学系被试掌握得更好；而无论是与推理有关的日常生活内容知识还是化学专业内容知识，小学生被试都没有掌握。另一方面，对于主测验中的三段论推理所涉及的形式方面的知识，两组大学生被试对于主测验中所涉及的形式方面的知识是已经掌握并且其掌握程度是大致相同的，而小学生被试对此则没有掌握。由此可推断，在主测验中进行推理时，对于由日常生活内容知识所构成的范畴三段论推理题，两组被试都是在既知道推理形式也知道推理内容的条件下进行推理加工的；而对于由化学专业内容知识所构成的范畴三段论推理题，只有化学系被试是在上述条件下进行推理加工的，哲学系被试则是在只知道推理形式方面的知识但不理解前提内容的条件下进行推理加工的。由于小学生被试既没有掌握推理过程中所需的内容知识，也没有掌握推理过程中所需的推理形式方面的知识，因此，虽然他们在推理题上的作答水平与化学系大学生一样，但显然他们只能通过随机作答方式来进行。

由上述结果分析可知，这一补充实验结果在一定程度上支持推理题与推理者的推理知识双重结构模型中有关理性推理-非理性推理这一维度的相关论述。大学生被试进行推理时是在掌握相关推理知识的基础上进行的，因此，他们的推理活动属于理性推理；而小学生被试进行推理时是在没有掌握相关推理知识的基础上进行的，因此，他们的推理活动属于非理性推理。除了上述两个实验外，笔者一直认为，Evans 等（1983）有关推理过程中的信念效应的实验结果实际上也是支持推理题与推理者的推理知识双重结构模型的，下一章第二节将对此做进一步的讨论。

推理题与推理者的推理知识双重结构模型
与西方几种推理理论的实验比较研究

第一节　推理题与推理者的推理知识双重结构模型
与心理模型理论的实验比较研究

一、心理模型理论与胡竹菁等的理论的主要差异

如前所述，1995 年，最初版本的推理题与推理者的推理知识双重结构模型被提出后，通过将其与西方推理心理学的主要理论模型进行比较，以便了解哪种理论能更好地解释人类推理的心理加工过程，从而使其内涵得到不断充实和发展。

本书第四章曾指出，由 Johnson-Laird 提出的心理模型理论是西方推理心理学界影响最大的理论之一。根据 Johnson-Laird（2012）的观点，该理论是以形象性原理、可能性原理和真值性原理等三条原理为理论基础的，他还根据这三条原理将心理模型这一概念定义为："心理模型是类似图像的，是各种可能性的标记，并且只是对真值的表征。"（这一概念的另外一种定义是："心理模型代表了现实物体、人、事件和过程，以及复杂系统的操作。"）

Johnson-Laird（2012）指出，心理模型理论对推理者的推理结果包含多个预测，其中对范畴三段论推理结果所做的最主要的预测是以他对范畴三段论推理题所含

有的心理模型数量的解析为基础的。Johnson-Laird 认为, 任何一个范畴三段论推理都是由 1—3 个心理模型所构成的, 推理者对三段论进行推理时, 该推理题所包含的心理模型数量越多, 推理者就越难得出正确结论。心理模型理论对这一推理结果的预测得到许多实验证据的支持 (Johnson-Laird & Steedman, 1978; Johnson-Laird & Bara, 1984; Oakhill & Johnson-Laird, 1985, 1989)。

推理题与推理者的推理知识双重结构模型对实验结果的最主要预测在于, 由于推理题本身的内在结构包括形式和内容两个方面, 而这两个方面又都存在正确与错误之分, 因此, 相比于纯粹按照形式标准判定的推理结果, 当推理者面对需要推论的推理题的结构属于形式正确但内容错误这一类型时, 推理者知识结构中有关形式和内容两种判定标准的冲突会使得他的推理结果受到影响。

为了解上述两种理论中的哪种理论能更好地解释人类推理的心理加工过程, 本书第一作者曾多次设计实验进行比较研究 (胡竹菁, 1999a; 胡竹菁, 朱丽萍, 2003)。在总结这些研究设计和结果分析的基础上, 本书两位作者于 2018 年再次对推理题与推理者的推理知识双重结构模型与 Johnson-Laird 提出的心理模型理论进行了实验比较研究, 该研究成果发表在《心理学探新》2018 年第 3 期, 以下将对这一研究进行介绍。

二、心理模型理论与胡竹菁等的理论的实证比较研究

本实验设计的逻辑思路是: 在推理题的内在结构为形式正确, 且推理者已经掌握相应的形式逻辑推理规则的前提条件下, 让推理者对由不同心理模型数量和不同内容性质所构成的范畴三段论推理题进行求解, 以此来对上述两种推理模型的解释度进行进一步的实验比较。

采用 2×2 的两因素重复测量方法进行实验: 自变量一是模型数量 (含单模型和多模型两个水平); 自变量二是内容性质 (含正确内容和错误内容两个水平)。实验材料为 4 道范畴三段论推理题。

选择以下两个能推出正确结论但包含不同心理模型数量的范畴三段论推理形式作为本研究的第一个自变量, 包含单模型和多模型两个水平, 分别如例 8-1 和例 8-2 所示。

例 8-1

所有的M都是P

所有的S都是M

所以，所有的S都是P

例 8-2

所有的M都不是P

有些S是M

所以，有些S不是P

单模型推理形式题由第一格的 AAA 式组成，多模型推理形式题由第一格的 EIO 式组成（含 3 个模型）。根据 Johnson-Laird 和 Byrne（1991）的研究，上述单模型推理题的正确率为 63%，多模型推理题的正确率为 38%。

以范畴三段论推理题所包含内容的正确性作为本研究的第二个自变量，包含内容正确（例如，有些大夫是女人）和内容错误两个水平（例如，所有的男人都是大夫）。

将上述两个自变量组合在一起就形成了四种不同的实验处理：①单模型内容正确；②单模型内容错误；③多模型内容正确；④多模型内容错误。根据这一实验设计思路建构的范畴三段论推理题实验材料如表 8-1 所示。

表 8-1　2×2 两因素实验材料构成表

模型数量	正确内容	错误内容
1 个	所有的植物都是生物 所有的松树都是植物 所以，所有的松树都是生物	所有的大夫都是女人 所有的男人都是大夫 所以，所有的男人都是女人
3 个	所有的女人都不是男人 有些大夫是女人 所以，有些大夫不是男人	所有的植物都不是生物 有些松树是植物 所以，有些松树不是生物

推理者的推理结果将根据形式逻辑的规则来判定其是否正确，以这一判定结果作为实验的因变量。根据这种实验结果对两个理论模型进行实验比较的研究思路是：①如果推理者对包含 1 个模型的两道推理题的正确率高于对包含 3 个模型的两道推理题的正确率，那么该实验结果将支持 Johnson-Laird 的心理模型理论；②如果推理者对内容正确的两道推理题的正确率高于内容错误的两道推理题的正确率，那么该实验结果将支持胡竹菁等提出的推理题与推理者的推理知识双重结构模型。

在某师范大学随机抽取 42 名被试参与本实验的测试过程。通过 E-Prime 编制实验程序。所有被试都以单独测验的形式进行，根据计算机提示的信息在键盘上完成上述 6 道范畴三段论推理题的测试。其中，表 8-1 所示的 4 道范畴三段推理题是用于实验结果分析的测试题，另外还包含 2 道在形式逻辑意义上属于能有效推出正确结论但含有不同心理模型数量的纯形式推理题，用于测试推理者是否掌握了相应的推理形式知识。

所有被试解决这 6 道范畴三段论推理题的顺序都是先解决含有具体内容的 4 道推理题，之后再解决 2 道纯形式推理题。通过拉丁方设计来消除题目呈现顺序可能产生的影响：共设计 8 个不同的计算机程序来平衡 4 道含有具体内容的推理题和 2 道纯形式推理题的呈现顺序，其中，每道含有具体内容的推理题在四种位置上呈现的可能性均为 1/4，每道纯形式推理题先呈现的可能性均为 1/2。

在测试过程中，每道推理题呈现完毕后，被试看到的问题都是"请问：这个推理题的结论是否可以从两个前提中推论出来？"被试的任务是做出"可以"（在键盘上按"F"键）或"不可以"（在键盘上按"J"键）的推断，计算机会自动记录下被试对每道题的推断结果。

在 8 个不同的 E-Prime 程序中，除了前两个程序有 6 名被试参与测试外，其他 6 个程序各有 5 名被试参与测试。由于我们的实验要求是既掌握了推理形式知识又掌握了推理内容知识的推理者参与测试，因此，根据 42 名被试的测试结果，我们将他们对 2 道纯形式逻辑题都推理为"对"的反应结果作为已经掌握形式推理规则的被试的判定根据，这样，共筛选出 28 位被试的推理结果作为有效数据。

本实验中，28 名有效被试对表 8-1 中的 4 道三段论推理题判定为"结论能从两个前提中推论出来"的人次统计表见表 8-2。

表 8-2 被试对各推理题判定为"结论能从两个前提中推论出来"的人次统计表（$n=28$）

模型数量	内容性质	
	正确内容	错误内容
1 个	26	6
3 个	21	12

对表 8-2 所示的实验数据进行两因素重复测量方差分析，结果如表 8-3 所示。

表 8-3 两因素重复测量方差分析表

变异源	平方和	df	均方	F	p	η_p^2
模型数量	0.009	1	0.009	0.088	0.769	0.003
误差（模型数量）	2.741	27	0.102			

续表

变异源	平方和	df	均方	F	p	η_p^2
内容性质	7.509	1	7.509	47.804	0.000	0.639
误差（内容性质）	4.241	27	0.157			
模型数量×内容性质	1.080	1	1.080	5.145	0.032	0.160
误差（模型数量×内容性质）	5.670	27	0.210			

由表 8-3 所列的两因素重复测量方差分析结果可知,模型数量因素的主效应不显著, $F_{(1,27)} = 0.088$, $p>0.05$,即被试将由 1 个模型构成的范畴三段论的推理结论判定为"对"的人次与将由 3 个模型构成的范畴三段论的推理结论判定为"对"的人次没有显著差异。内容性质因素的主效应显著, $F_{(1,27)} = 47.804$, $p<0.001$, $\eta_p^2 = 0.639$,即被试将由正确内容构成的范畴三段论的推理结论判定为"对"的人次显著多于将由错误内容构成的范畴三段论的推理结论判定为"对"的人次。模型数量和内容性质这两个因素的交互作用显著, $F_{(1,27)} = 5.145$, $p<0.05$。进一步进行的简单效应分析,结果表明,内容性质这一因素在含有不同数量的模型中的差异均表现为：被试将由正确内容构成的范畴三段论的推理结论判定为"对"的人次显著多于将由错误内容构成的范畴三段论的推理结论判定为"对"的人次,其中在单模型中,两者的差异检验结果为： $F_{(1,27)} = 67.50$, $p<0.001$；在多模型中,两者的差异检验结果为： $F_{(1,27)} = 5.54$, $p<0.05$。

三、基于实证对两个理论的进一步解释

如前所述,心理模型理论对实证结果最为重要的预测是：推理题所包含的心理模型越多,推理者就越难得出正确结论。由此,在本实验条件下,推理者按形式逻辑规则判定由多模型构成的两个题目的正确率应该都比由单模型构成的两个题目的正确率更低。从表 8-2 中的实验数据可知,在正确内容条件下,由 3 个心理模型构成的推理题的推论正确人次确实比由 1 个心理模型构成推理题的推论正确人次更少,但这种差异并未达到显著水平；在错误内容条件下,由 3 个心理模型构成的范畴三段论的推理结论的推论正确人次却比由 1 个心理模型构成的范畴三段论的推理结论的推论正确人次更多,不过这种差异也未达到显著

水平。

推理题与推理者的推理知识双重结构模型对实证结果最为重要的预测是：推理者按形式逻辑规则来对推理结论进行正误判定时，将由正确内容构成的范畴三段论的推理结论判定为"对"的人次要比将由错误内容构成的范畴三段论的推理结论判定为"对"的人次更多。

从表 8-2 所示的实验数据可知，无论是在 1 个心理模型还是在 3 个心理模型条件下，推理者将由正确内容构成的范畴三段论的推理结论判定为"对"的人次都比将由错误内容构成的范畴三段论的推理结论判定为"对"的人次更多，表 8-3 的方差分析结果表明，内容性质因素的主效应显著，对其进行的简单效应分析也显示，无论是在 1 个心理模型还是在 3 个心理模型条件下，正确内容和错误内容的差异均达到显著水平。

在表 8-2 中尤其需要注意的是：推理者按形式逻辑规则来对推理结论进行正误判定时，将由 3 个心理模型并且是正确内容构成的范畴三段论的推理结论判定为"对"的人次比将由 1 个心理模型但却是错误内容构成的范畴三段论的推理结论判定为"对"的人次更多，这一结论充分说明，当范畴三段论推理题的结构在模型数量因素上有"1 个"和"3 个"之分，在内容性质因素上也有"正确"和"错误"之分时，内容性质因素对实验数据的解释力要比模型数量因素的解释力更大。同时，在本实验条件下，我们可以认为，推理题与推理者的推理知识双重结构模型对实验结果的解释度比心理模型理论的解释度更高。

本研究用实验方法对 Johnson-Laird 的心理模型理论和胡竹菁等提出的推理题与推理者的推理知识双重结构模型做了对比研究，得出的结论如下：当推理者的推理知识结构能使其理解推理题的形式正误和内容正误时，对于形式正确但内容错误的推理题，即使其模型数量只有 1 个，推理者按照形式逻辑规则将其结论判定为"正确"的可能性也大为降低；反之，对于形式正确且内容正确的推理题，即使其模型数量有 3 个，推理者按照形式逻辑规则将其结论判定为"正确"的可能性也要比单模型中形式正确但内容错误的推理题的结论判定为"正确"的可能性更高。因此，在本研究的实验条件下，与心理模型理论相比较，推理题与推理者的推理知识结构双重结构模型能更好地解释推理者对范畴三段论的推理结果。

第二节 推理题与推理者的推理知识双重结构模型与双重加工理论的实验比较研究

一、Evans 的理论与胡竹菁等的理论的主要差异

将 Evans 提出的双重加工理论和胡竹菁等提出的推理题与推理者的推理知识双重结构模型这两种推理理论进行比较后，可发现如下异同。

1）从理论内涵方面来看，虽然两个理论模型的名称中都含有"双重"一词，但显然该词在这两个理论中的含义是不一样的。在 Evans 的双重加工理论中，"双重"一词主要是指人类的推理加工包含"类型一"和"类型二"两种不同类型的加工。而在胡竹菁等的推理题与推理者的推理知识双重结构模型中，"双重"一词包含两种不同层次的含义：第一种含义是指人类的推理行为包含"推理题"（客体因素）和"推理者的推理知识"（主体因素）这两种不同的因素；第二种含义是指任何推理题的构成都包含"形式结构"和"内容结构"两个不同的方面，与此相应，推理者在进行推理时所依据的推理知识也就可区分为"推理形式结构"方面的知识和"推理内容结构"方面的知识。

2）从实验证据方面来看，将 Evans 等（1983）的实验与胡竹菁和张厚粲（1996）的实验进行比较后可知：Evans 等实验设计中的"推理形式有效性"变量与胡竹菁等实验设计中的"形式正确性"变量实质上是相同的变量，都是指推理者对某个三段论推理题进行推论时是否根据逻辑规则的规定推论出该推理结论；Evans 等实验设计中的"结论可信性"变量与胡竹菁等实验设计中的"内容正确性"变量实质上也是具有高度相关的变量。

胡竹菁和张厚粲（1996）的实验中比较研究的逻辑思路是：如果上述两个观点成立，那么根据 Evans 等（1983）的实验设计所得的结果也就应该支持推理题与推理者的推理知识双重结构模型。

胡笑羽和胡竹菁（2019）设计并实施了两个实验来对上述研究思路进行实验比较：实验一试图验证上述"结论可信性"和"内容正确性"这两个变量之间是否存在显著相关关系；实验二试图在 Evans 等（1983）的实验中增加一个自变量的条件下，探求上述两种推理理论中的哪一种能更好地解释实验结果。下面对这一研究做一简要介绍。

二、关于结论可信性和内容正确性这两个变量相关度的研究

为了探讨 Evans 等（1983）实验设计中的"结论可信性"变量与李国榕和胡竹菁（1986）实验设计中的"内容正确性"变量之间是否存在显著相关关系，胡笑羽和胡竹菁（2019）设计并实施了一个实验（即该文的实验一）专门对此进行了研究。

实验一按照两种评定方法来对 Evans 等（1983）用于构建三段论推理题的推理结论的 8 个性质命题和该研究实验二中用于构建三段论推理题的推理结论的相应性质命题进行评定。评定方法 1 为：将 Evans 等（1983）的"结论可信性"改为"内容是否正确"，让被试对每个性质命题的内容是否正确直接进行评定（1 表示内容错误，2 表示内容正确）。评定方法 2 为：按 Evans 等（1983）所用方法，让被试根据七点量表对每个性质命题的正确程度进行评定（1 表示完全错误，7 表示完全正确）。

选取某师范大学本科大学生 45 名参与实验一的评定作业，所有被试报告都没有学过逻辑学课程。

在施测过程中，研究者让一半被试先按评定方法 1 完成评定作业，然后再按评定方法 2 完成评定作业；另外一半被试对这两种评定方法的评定顺序则正好相反。被试完成问卷的时间不限（实际完成任务的时间都在 10 分钟左右），由此得到 33 位被试的有效数据。实验一得到的 Evans 等（1983）的八个用于构建三段论推理题的推理结论的性质命题的实验结果如表 8-4 所示。

表 8-4　采用 Evans 等（1983）实验中所用推理结论的两种评定结果及其相关

序号	用于推理结论的命题	Evans 等（1983）（n=32）		实验一评定方法 2（n=33）		实验一评定方法 1（n=33）		两种评定方法之间的相关系数
		M	SD	M	SD	判定为"正确"的人次	判定为"正确"的百分比/%	
1T	有些高度训练的狗不是警犬	6.44	0.89	5.67	1.63	33	100	—

序号	用于推理结论的命题	Evans 等（1983）（n=32）		实验一评定方法2（n=33）		实验一评定方法1（n=33）		两种评定方法之间的相关系数
		M	SD	M	SD	判定为"正确"的人次	判定为"正确"的百分比/%	
2F	有些警犬没经过高度训练	2.75	1.84	3.06	2.19	10	30.30	0.287
3T	有些营养物品不是维生素片剂	5.75	2.11	5.70	1.36	31	93.93	0.037
4F	有些维生素片剂不是营养物品	3.81	1.64	5.00	1.64	29	87.88	0.460**
5T	有些令人上瘾的物品不是香烟	6.25	1.88	6.24	1.15	33	100	—
6F	有些香烟不是令人上瘾的物品	2.81	1.64	3.06	2.32	14	42.42	0.541**
7T	有些有钱人不是百万富翁	5.94	1.57	5.30	1.83	30	90.90	−0.064
8F	有些百万富翁不是有钱人	3.00	1.90	3.33	2.06	15	45.45	0.631**

注：1T 和 5T 项在评定方法 1 中为常量，无法进行相关比较，所以未列出相关系数；**$p<0.01$，下同

由表 8-4 可知，实验一通过评定方法 2 所获得的平均等级分与 Evans 等（1983）的平均等级分大致相近，这两列平均数的相关系数为：$r=0.939$，$p<0.01$，表明这两列平均数呈显著相关。通过评定方法 1，对于 Evans 等（1983）所获高等级可信的四个项目，认为"1T"和"5T"的"内容是正确"的人次都是 33，即 100%的被试都认为该项目的内容是正确的，认为"3T"和"7T"的"内容是正确"的人次也分别达到 31（93.93%）和 30（90.90%）。在 Evans 等（1983）所获低等级可信的四个项目中，除了"4F"之外，认为其他三个项目的"内容是正确"的人次则都不到一半（百分比都低于 50%），在 Evans 等（1983）的评定中，"4F"的评定等级低于中间等级 4，但实验一通过评定方法 1 所得结果则是，有 87.88%（29 人）的被试认为该项目的"内容是正确"的。

上述研究结果的分析表明，在一定意义上，我们确实可以把 Evans 等（1983）实验设计中的"内容可信性"变量视为等同于"内容是否正确"的变量。

三、Evans 的理论与胡竹菁等理论的实证比较研究

为了探求 Evans 提出的双重加工理论和胡竹菁等提出的推理题与推理者的推

理知识双重结构模型这两种推理心理学理论哪一种能更好地解释推理者在实际推理过程中的结果，胡笑羽和胡竹菁（2019）设计并实施了另外一个实验（即该文的实验二），以专门对此进行研究。

实验二是推理实验，采用的是 $2 \times 2 \times 2$ 的三因素不完全重复测量设计，自变量一是逻辑形式变量（含正确形式和错误形式两个水平）；自变量二是内容性质变量（含正确内容和错误内容两个水平）；自变量三是内容是否熟悉变量（含熟悉内容和不熟悉内容两个水平）。

在构建实验材料时，首先，我们通过前面介绍实验一时所说的两种评定方法来获取用于建构各三段论推理结论在"内容是否正确"（即 Evans 等于 1983 年的实验设计中的"结论可信性"）上的性质命题（直言命题），结果如表 8-5 所示。

表 8-5　实验二的两种评定结果及相关系数

实验一中出现的序号	性质命题	实验二评定方法 2（n=33）		实验二评定方法 1（n=33）	两种评定方法之间的相关系数
		M	SD	判定为"正确"的人次	
3	所有的甲烯都是有机化合物	5.06	2.28	21	0.723**
4	有些大夫是男人	6.00	1.50	30	0.642**
5	所有的松树都是生物	5.94	1.90	25	0.623**
8	所有的生物都是松树	1.27	0.76	0	—
9	所有的乙烯都是有机化合物	5.82	1.57	28	0.770**
10	有些共青团员是三好学生	5.58	1.54	30	0.814**
12	有些月亮是行星	2.27	2.02	8	0.705**
13	所有的女人都是男人	1.27	1.07	0	—
14	有些女人是男人	2.55	2.03	7	0.785**

然后，选定逻辑学中规定的正确逻辑形式题和错误逻辑形式题各一道，分别如例 8-3 和例 8-4 所示。

例 8-3

所有的 M 都是 P

所有的 S 都是 M

所以，所有的 S 都是 P

例 8-4

有些 P 是 M

有些 S 是 M

所以，有些 S 是 P

最后，根据自变量二和自变量三的不同组合，构建 6 道推理题作为推理实验中的实验材料。在某师范大学按照自愿的原则招募 43 名在校本科大学生参与实验，被试在实验过程中需完成推理测验和句子判定两种任务：推理测验的内容除了包括表 8-6 所示的 6 道三段论推理题之外，还包括前述 2 道形式逻辑题；句子判定任务则是让被试对表 8-6 中的 6 道推理题的结论是否正确做出判定。获取实验的原始数据后，再根据被试对 2 道形式逻辑题的正确判定，以及对"所有的松树都是生物""有些共青团员是三好学生""所有的女人都是男人""有些女人是男人"四个句子的正确判定（对前两句判定为"对"，对后两句判定为"错"）为依据，遴选出26 位被试的实验结果作为有效数据，他们对表 8-6 所示的 6 道三段论推理题按形式逻辑规定判定为"正确"的人次如表 8-6 所示。

表 8-6　推理实验材料及实验结果一览表

推理形式	正确内容		错误内容	
	熟悉	不熟悉	熟悉	不熟悉
正确形式	所有的植物都是生物 所有的松树都是植物 所以，所有的松树是生物 26（100%）		所有的大夫都是男人 所有的女人都是大夫 所以，所有的女人是男人 13（50%）	所有的烯烃都是有机化合物 所有的甲烯都是烯烃 所以，所有的甲烯都是有机化合物 25（96%）
错误形式	有些三好学生是青年 有些共青团员是青年 所以，有些共青团员是三好学生 12（46%）	有些有机化合物是烯烃 有些乙烯是烯烃 所以，有些乙烯是有机化合物 8（31%）	有些男人是大夫 有些女人是大夫 所以，有些女人是男人 0（0%）	

注：括号中的数字是百分比

四、基于实证对两个理论的进一步解释

由表 8-6 可知，第一，被试对"正确形式-正确内容（熟悉）"推理题的推理结果判定为正确的百分比为 100%，对"错误形式-错误内容（熟悉）"推理题的推理结果判定为正确的百分比为 0%（即所有被试都做出了正确推论），这一实验结果支持推理题与推理者的推理知识双重结构模型的第一个预测，即具备相应推理知识的推理者对形式和内容正误一致的推理题将很容易推出正确推论。第二，根据表8-6，被试对"正确形式-错误内容（熟悉）"推理题的推理结果判定为正确的百分比为 50%，对"错误形式-正确内容（熟悉）"推理题的推理结果判定为正确的百分比为 46%，这一实验结果支持推理题与推理者的推理知识双重结构模型的第二个

预测，即对于"推理内容知识"和"推理形式知识"都已掌握的推理者，在对"形式和内容两方面的正误不一致的推理题"进行推理时，其依据"形式逻辑规则判定推理结论是否正确"的推理正确率将会降低。

上述两方面的实验结果与本书第五章中表 5-3 所示的 Evans 等（1983）实验一中的实验结果基本上是一致的。在表 5-3 所示的实验结果中，推理者对"形式有效-结论可信"的推理题判定为"可接受结论"的百分比是 92%，即推理者对该题的正确率是 92%；推理者对"形式无效-结论不可信"的推理题判定为"可接受结论"的百分比是 8%，若按逻辑规则来判定其正误，8%的接受率实际上指的是错误率，其正确率应该是 92%。其实验结果中被试对"形式有效-结论不可信"的推理题判定为"可接受结论"的接受率介于其他两种类型三段论推理题的接受率之间，若按逻辑规则来判定其正误，其正确率确实低于另外两类三段论推理题的接受率（推理者对"形式无效-结论可信"推理题的判定结果有些特殊，但与当前讨论无关，因此不展开论述。

分析至此，似乎本研究只是在改变变量名称的基础上重复了 Evans 等（1983）的实验，实际上，本研究最为关键之处在于增加了"内容是否熟悉"这一变量。根据推理题与推理者的推理知识双重结构模型的预测，即推理者在对由"不熟悉内容"构成的推理题进行推理操作时，会更偏向根据形式规则来判定推理结论的正误，由表 8-6 可知，含有"甲烯"的"正确形式-错误内容（不熟悉）"推理题的推理形式与结论为"所有的女人都是男人"["正确形式-错误内容（熟悉）"]的推理题的推理形式是一样的，但由于推理者不理解相关内容的含义，因此只能根据形式标准来判定推理结论是否能从两个前提中推论出来，被试对含有"乙烯"的"错误形式-正确内容（不熟悉）"推理题的推理结果也是这样。这一实验结果可以说明，推理题与推理者的推理知识双重结构模型比 Evans 提出的双重加工理论能更好地解释推理者对范畴三段论的推理结果。

根据上述实验一的研究结果，研究者认为，Evans 等（1983）的研究中的自变量之一"形式有效性"可被视为对应于本研究中的"形式正确与否"这一自变量；本研究实验一的两种评定方法的结果表明，Evans 等（1983）研究中的自变量二"结论可信性"可被视为对应于本研究中"内容正确与否"这一自变量。

将上述实验二的研究结果与 Evans 等（1983）的研究结果进行对比可知：①推理者对"正确形式-正确内容（熟悉）"、"正确形式-错误内容（熟悉）"和"错误形式-错误内容（熟悉）"这三类推理题的推理结果与 Evans 等（1983）的研究结果基本一致。②推理者对"正确形式-错误内容（不熟悉）"和"错误形式-正确内容（不熟悉）"的推理结果表明，推理题与推理者的推理知识双重结构模型比 Evans 提出的双重加工理论能更好地解释推理者对范畴三段论的推理结果。

第三节　推理题与推理者的推理知识双重结构模型与条件推理的条件概率模型的实验比较研究

一、条件推理的条件概率模型与胡竹菁等的理论的主要差异

推理心理学是研究人类推理的心理加工过程规律的学科。心理学研究中的条件推理通常是指形式逻辑学中所说的前提中含有充分条件假言命题的推理。任何一个充分条件假言命题（推理规则）都可以建构如表 8-7（即表 2-7）所示的四种条件推理形式（《普通逻辑》编写组，2011）。

表 8-7　包含充分条件假言命题"如果 P，那么 Q"的四种条件推理形式

MP	DA	AC	MT
如果 P，那么 Q	如果 P，那么 Q	如果 P，那么 Q	如果 P，那么 Q
P	非 P	Q	非 Q
所以，Q	所以，非 Q	所以，P	所以，非 P

心理学对条件推理的实证研究主要包括三种实验范式：演绎推理实验范式、Wason 四卡问题实验范式、概率推理实验范式（胡竹菁，胡笑羽，2016；Menktelow，2012；Eysenck & Keane，2015）。上述三种实验研究范式的发展顺序是从"演绎推理"到"四卡问题"再到"概率推理"。著名推理心理学家 Wason 在 1968 年创造出四卡问题实验范式之前就曾经使用演绎推理实验范式对条件推理做过实验研究（Wason，1968），而当研究者对 Wason 四卡问题实验结果提出"概率解"时，就产生了"概率推理实验范式"（Oaksford et al.，2000；Oaksford & Chater，2007，2010）。

Oaksford 等（2000）使用概率推理实验范式对条件推理所做的经典实验发现，构成条件推理规则的前件概率、后件概率对推理者确定推理结论的认可程度有显著影响，即存在高概率结论效应，但未发现推理规则本身的条件概率会对推理过程有何影响。邱江和张庆林（2005）在对这一实验进行重复性验证研究时，一方面得出与Oaksford 等（2000）"构成条件推理规则的前后件概率对推理者确定推理结论的认可程度确实有影响"这一结论相同的结果，另一方面也得出与 Oaksford 等（2000）"未发现推理规则本身的条件概率会对推理过程有何影响"这一结论相反的结果，即推理规则本身的条件概率对推理过程是有影响的，他们认为这也是 Oaksford 等所说的高概率结论效应的内涵。胡竹菁等对上述两个研究做进一步对比研究后的实验结果既支持 Oaksford 等关于前后件概率会对推理者选取结论的认可度产生影响的高概率结论效应的观点，也支持邱江和张庆林（2005）关于条件概率会对推理者选取结论的认可度产生影响的高概率结论效应的观点，并指出这是两种具有不同内涵的高概率结论效应：Oaksford 等所说的高概率结论效应是指前后件概率的高概率结论效应，他们所说的推理规则本身的条件概率对推理过程没有影响，是指某一规则的条件概率对该规则所构成的 MP、DA、AC 和 MT 四种条件推理形式的推理过程没有影响；而邱江和张庆林所说的高概率结论效应是指条件概率的高概率结论效应，是指由不同条件概率构成的不同推理规则对其各自的 MP 推理结果会有影响（胡竹菁等，2009）。

可见，演绎推理实验范式和概率推理实验范式使用的实验材料都与表 8-7 所列四种推理形式有关，因此，从某种意义上说，本节对推理题与推理者的推理知识双重结构模型和条件推理的条件概率模型的实验比较研究也就是对条件推理心理学研究中有关演绎与概率两种实验研究范式的比较，探讨推理者在这两种实验范式中的推理过程之间的相互关系。由于国内外学者对这两种实验范式之间的相互关系少有研究，因此，笔者试图在改进概率推理实验范式的实验设计的基础上，将两个范式结合起来进行比较研究，探求推理者在这两种不同实验范式下完成条件推理的过程中，是否存在某些共同的心理加工规律，以此加深我们对条件推理心理加工过程的认识（胡笑羽，胡竹菁，2020）。

本实验比较研究的逻辑思路是：如果推理者对由具有不同概率值的规则和命题所构成的推理题的推理结论进行概率评定的结果与他们对相应推理题的推理结论进行正误评定的结果呈高度正相关，则可以把概率推理实验范式视为演绎推理实验范式的特例，是在假言命题前后件概率和条件概率的推理条件下对演绎推理结果给出概率解的推理过程；如果上述思路成立，那么，推理者在概率推理研究范式中对推理结果的概率高低的判断也会受到推理题的结构和推理者的推理知识结构这两种结构的影响。

二、条件推理的条件概率模型与胡竹菁等的理论的实证比较研究

本研究包括两个实验：实验一名为"概率推理实验"，实验二名为"演绎推理实验"。为确保推理者在概率推理实验范式中的推理结果少受其他无关因素的影响，本研究对两个实验的次序安排为先进行"概率推理实验"，然后进行演绎推理实验。每个实验都由以下三个部分组成：第一部分为"推理测验"，第二部分为"规则评定测验"，第三部分为"句子评定测验"。

实验材料包括 6 个由假言命题构成的条件推理题，其中 2 个是纯形式假言命题，即"如果 A，那么 B"，"如果 P，那么 Q"。另外 4 个假言命题选自 Oaksford 等（2000）实验中根据条件命题的前件和后件、高概率（H）和低概率（L）的不同组合形成的条件命题：①LL 型条件命题（低前件-低后件），如果一个人是政治家，那么他受过特殊的训练；②LH 型条件命题（低前件-高后件），如果那种动物是大熊猫，那么它有柔软的皮毛；③HL 型条件命题（高前件-低后件），如果一种蔬菜经加工可食用，那么它是洋葱；④HH 型条件命题（高前件-高后件），如果一种家具很重，那么它也很大。

用前面所述的 6 个假言命题建构 MP、DA、AC 和 MT 四种不同形式的条件推理题，由此可得到 24 道条件推理题，这就构成了本研究中两个实验第一部分"推理测验"的实验材料。上述 6 个假言命题本身构成了本研究中第二部分"规则评定测验"的实验材料。再由这 6 个假言命题中每一个命题的前件和后件单独成题，可得到 12 道题，由此就构成了本研究中第三部分"句子评定测验"的实验材料。在完成每一部分的作答任务后，推理者休息一分钟，之后再进入下一部分的测试。

推理者在实验一即"概率推理实验"的推理过程中，对三个不同组成部分的测验材料的作答范式是在"0—100 的数字之间做出通过两个前提推出该题推理结论

的可能性是多少"的选择。在实验二即"演绎推理实验"的推理过程中，对三个不同组成部分的测验材料的作答范式则是"通过两个前提是否能够推出该题推理结论"的"对"或"错"选择。

选取某大学一个班级的学生，在他们上心理学课时分两次实施实验（间隔时间为三个星期），第一次进行"概率推理实验"时，共有 57 位大学生参与；三周后进行第二次"演绎推理实验"时，该班级因有些学生参加其他活动，只有 43 位学生参与，其中有 40 位学生参与了第一次实验（另外 3 位同学没有参加第一次实验）。

如前所述，从研究的发展历史上看，演绎推理实验范式对条件推理的研究要早于概率推理实验范式，因此，我们的分析先从实验二的研究结果开始。

1. 演绎推理实验范式的主要结果

Schroyens 和 Schaeken（2003）对采用这一范式所做的大量研究进行元分析后指出，被试对四种形式推理题做出反应的平均正确率是：MP（96.8%）>MT（74.2%）>AC（64.0%）>DA（56.0%）。本研究中的实验二使用演绎推理实验范式来进行研究，43 位被试在推理测验部分的推理结果如表 8-8 所示。与西方研究不同的是，本研究参考概率推理实验范式中有关条件概率的评定程序，要求被试对构成条件推理题的第一前提即假言命题本身的认可度进行评估，结果见表 8-8 的最右边一列。

表 8-8　43 位被试在不同条件命题建构的四种推理回答"√"的人次
统计表及对第一前提的认可度

条件命题	MP	DA	AC	MT	条件命题
纯形式命题 1：如果 A，那么 B	41（95.4%）	18（41.9%）	4（9.3%）	29（67.4%）	23（53.5%）
纯形式命题 2：如果 P，那么 Q	41（95.4%）	16（37.2%）	3（7.0%）	28（65.1%）	22（51.2%）
Oaksford 等规则 1（LL）	39（90.7%）	2（4.7%）	2（4.7%）	35（81.4%）	23（53.5%）
Oaksford 等规则 2（LH）	42（97.7%）	4（9.3%）	4（9.3%）	40（93.0%）	39（90.7%）
Oaksford 等规则 3（HL）	30（69.8%）	36（83.7%）	36（83.7%）	12（27.9%）	6（14.0%）
Oaksford 等规则 4（HH）	32（74.4%）	10（23.3%）	11（25.6%）	11（25.6%）	7（16.3%）

注：①括号内的数字为推理中回答"√"的百分比；②DA 和 AC 为错误的推理形式，回答"√"是错误的推理结果

纯形式条件命题的平均正确率从高到低依次为：MP（95.4%）>AC（91.9%）>MT（66.3%）>DA（60.5%）。可见，本研究中除了发现 AC 有较高的正确率之外，其余结果与西方研究的主要结果基本一致。

结合被试对前提的认可结果可以发现，在两个纯形式假言命题条件下，一方面，被试对其认可度接近 50%（命题 1 为 53.5%，命题 2 为 51.2%），说明在没有具体内容时，其对纯形式假言命题本身是对还是错无法做出确切评定；另一方面，四种推理形式中前提为两个纯形式假言命题条件的推理作答也同样接近一致。在加入不同条件概率内容后，一方面，被试对这四个假言命题的认可度差异很大，为14.0%—90.7%；另一方面，四种推理形式中不同条件概率规则条件下建构的推理题推理结果差异较大。被试对 MP 推理结果的正确率为 69.8%—97.7%，对 MT 推理结果的正确率为 25.6%—93.0%，对 DA 和 AC 推理结果的正确率则都为 4.7%—83.7%。这些结果表明，推理者在对由这四条假言命题构成的四种不同类型的推理题进行推理时，受其内容不同的影响很大。这一点与 Oaksford 等（2000）的研究差别非常大。

2. 概率推理实验范式的主要结果

本研究中的实验一使用概率推理实验范式来进行研究，被试对 6 个条件命题的前件先验概率、后件先验概率和先验条件概率如表 8-9 所示。

表 8-9　被试对 6 个条件命题四种推理形式推理题的前件先验概率、后件先验概率和先验条件概率（$n=57$）　　　单位：%

条件命题	前件先验概率		后件先验概率		前件出现的条件下后件出现的先验概率 P（后件/前件）
	M	SD	M	SD	
纯形式命题 1：如果 A，那么 B	9.76	14.74	—	—	48.93
纯形式命题 2：如果 P，那么 Q	9.16	14.50	—	—	49.47
Oaksford 等规则 1（LL）	7.11	11.62	27.89	25.16	64.82
Oaksford 等规则 2（LH）	3.54	7.84	44.30	24.29	89.93
Oaksford 等规则 3（HL）	86.56	15.54	10.80	19.22	19.61
Oaksford 等规则 4（HH）	47.54	20.20	44.42	19.11	40.61

注：两个纯形式条件命题的前件和后件的提问方式是一样的，即"你认为 A（或 B、P、Q）在英文字母中所占的比例有多大"，由于预计推理者对这些问题的概率判定会相似，实验过程中只考察了 A 和 P 在字母中的概率值

由表 8-9 可知，就 Oaksford 等（2000）所使用的四种前后件不同概率组合的条件命题而言，除了 LH 的后件先验概率（44.30%）和 HH 的前件先验概率（47.54%）与后件先验概率（44.42%）略低于 50% 之外，本研究中 57 位被试对各条件命题的前件先验概率和后件先验概率的认定基本上是符合 Oaksford 等（2000）的本意的。被试对 6 个条件命题的四种推理形式的概率推理结果如表 8-10 所示。

表 8-10　被试对 6 个条件命题的四种推理形式的概率推理结果（*n*=57）

条件命题	MP		DA		AC		MT	
	M	*SD*	*M*	*SD*	*M*	*SD*	*M*	*SD*
纯形式命题 1：如果 A，那么 B	88.86	23.60	51.23	40.61	24.82	30.78	61.84	40.70
纯形式命题 2：如果 P，那么 Q	90.53	20.37	45.00	41.30	25.35	31.85	64.91	40.28
Oaksford 等规则 1（LL）	91.11	16.97	22.11	29.50	21.11	25.66	80.70	28.40
Oaksford 等规则 2（LH）	92.51	16.92	14.91	21.66	19.74	24.12	88.58	25.84
Oaksford 等规则 3（HL）	58.44	40.43	83.56	30.58	80.39	27.88	22.75	33.18
Oaksford 等规则 4（HH）	65.35	39.18	37.11	32.75	36.14	32.84	24.21	28.12

注：平均值的单位为%

　　结果表明，一方面，本研究再次验证了 Oaksford 所说的高概率结论效应的结果预测，具体表现为：①推理者对 MP 的推理结果与其对该条件命题的后件概率成正比，即（LH+HH）＞（LL+HL）；②推理者对 DA 的推理结果与其对该条件命题的后件概率成反比，即（LH+HH）＜（LL+HL）；③推理者对 AC 的推理结果与其对该条件命题的前件概率成正比，即（HL+HH）＞（LL+LH）；④推理者对 MT 的推理结果与其对该条件命题的前件概率成反比，即（HL+HH）＜（LL+LH）。对上述各组的差异进行配对 *t* 检验，结果表明，除了 MP 这一组的差异未达到显著水平外，其他各组的差异均达到显著水平，且均为 *p*<0.001。另一方面，本研究也发现，推理者对由不同假言命题构成的 MP 推理的认可度会受到推理者对相应假言命题的前件出现的条件下后件出现的条件概率的认可度的影响，具体表现为 LH>LL>HH>HL，即符合邱江和张庆林（2005）的研究所提及的另外一种类型的高概率结论效应。

3. 演绎推理与概率推理两种实验范式所得结果的比较分析

　　本研究的主要假设是推理者在演绎推理和概率推理这两种不同推理范式中的推理过程应该具有共同的心理加工规律。将实验一和实验二的结果合并（表 8-11），可对这一假设进行验证性分析。

表 8-11　推理者在演绎推理与概率推理两种实验范式中所得结果的比较分析

条件命题	MP		DA		AC		MT		假言命题认可度	
	实验二	实验一	实验二	实验一	实验二	实验一	实验二	实验一	实验二	实验一
纯形式命题 1：如果 A，那么 B	41 (95.3)	88.86	18 (41.9)	51.23	4 (9.3)	24.82	29 (67.4)	61.84	23 (53.5)	48.93

续表

条件命题	MP		DA		AC		MT		假言命题认可度	
	实验二	实验一	实验二	实验一	实验二	实验一	实验二	实验一	实验二	实验一
纯形式命题2：如果P，那么Q	41 (95.3)	90.53	16 (37.2)	45.00	3 (7.0)	25.35	28 (65.1)	64.91	22 (51.2)	49.47
Oaksford等规则1（LL）	39 (90.7)	91.11	2 (4.7)	22.11	2 (4.7)	21.11	35 (81.4)	80.70	23 (53.5)	64.82
Oaksford等规则2（LH）	42 (97.7)	92.51	4 (9.3)	14.91	4 (9.3)	19.74	40 (93.0)	88.58	39 (90.7)	89.93
Oaksford等规则3（HL）	30 (69.8)	58.44	36 (83.7)	83.56	36 (83.7)	80.39	12 (27.9)	22.75	6 (14.0)	19.61
Oaksford等规则4（HH）	32 (74.4)	65.35	10 (23.3)	37.11	11 (25.6)	36.14	11 (25.6)	24.21	7 (16.3)	40.61

注：表中实验二括号外的数字为 43 名被试中做出"对"的反应的人次；括号中的数字为百分比（单位为%）

三、基于实证对两个理论的进一步解释

根据表 8-11 的实验结果，可以从以下几个方面来分析这两种实验范式共有的心理加工规律。

首先，推理者在两个实验中对用于建构推理题的 6 个假言命题本身的认可度的作答结果具有一致趋势。Oaksford 等（2000）的研究只是通过"概率推理实验范式"测查了"假言命题本身的认可度"，但没有对"演绎推理实验范式"进行相对应的测查。如表 8-11 最右列结果所示，本研究使用上述两种实验范式对"假言命题本身的认可度"进行了测查，分别测出了两种实验范式下推理者对某一假言命题在前件出现的条件下后件出现的先验条件概率，并发现了以下两个方面的趋同作答反应模式：①对两个纯形式假言命题具有相近反应模式，即两个假言命题之间的差异都很小，在演绎推理实验范式和概率推理实验范式中都趋近 50%。这说明在没有具体内容时，被试对纯形式假言命题本身是对还是错无法做出确切评定。②对四个含具体内容的假言命题也具有大致相近的作答反应模式，即四个假言命题相互之间的差异都很大，在演绎推理实验范式中为 14.0%（HL）—90.7%（LH），在概率推理实验范式中则为 19.61%（HL）—89.93%（LH），但在两种实验范式中，

推理者对这四个假言命题的认可度由高到低的次序都是 LH>LL>HH>HL。

其次，推理者在两个实验中对 6 个假言命题各自建构的四种推理题的作答结果具有一致趋势。对表 8-11 所列四种推理结果进行比较后，可以得到以下两方面共有的作答反应模式：①推理者在对由两个不同的纯形式条件命题建构的四种推理形式题进行推理时，在 MP 的推理形式上，两者之间的差异非常小，分别为 88.86% 和 90.53%；在其他三种推理形式上，两者之间的差异最大的是 DA，分别为 51.23% 和 45.00%，但其差异也只有 6.23%。此外，推理者在两种实验范式中对两条不同的纯形式条件命题建构的四种推理形式的正确率排序都是 MP>MT>DA>AC。②推理者在对由 Oaksford 等（2000）使用的含有具体内容的假言命题建构的四种推理形式的推理题进行推理时，同一种推理形式之间的差异比较大。例如，在演绎推理实验范式中，回答"对"的人数差异最小的推理形式为 MP，其差异人数达到 12 人次（HL 为 30 人次，LH 为 42 人次，若按百分比计算，其差距达 27.9%），DA 和 AC 则达 34 人次（若按百分比计算，其差距达 74.4%）；在概率推理实验范式中，对四个假言命题构成的四种同类型的推理结论的认可度之间的差异为 34.07%（MP）—68.65%（DA），说明相互之间的差异很大。此外，推理者在两种实验范式中对由 Oaksford 等（2000）使用的条件命题建构的四种形式推理题的推理结果的排序也表现出无规律可循，如 LH 建构的四种形式推理结果正确率的排序为 MP>MT>AC>DA；HL 建构的四种形式推理结果正确率的排序则是 DA>AC>MP>MT。

综上所述，本研究通过采用推理心理学研究中的演绎推理和概率推理两种实验范式设计的两个实验对同一组大学生被试进行条件推理实验研究后，得出以下几方面共有的作答反应模式：①推理者对两个纯形式假言命题具有大致相近的作答反应模式，一方面表现为对两个假言命题的认可度之间的差异都很小并都具有较高的一致性，另一方面表现为对由这两个不同的纯形式条件命题建构的四种推理形式的条件推理题进行推理时，同一种推理形式之间的差异也都非常小并都具有较高的一致性。②推理者对四个含有具体内容的假言命题也具有大致相近的作答反应模式，一方面表现为对这四个假言命题的认可度差异虽然较大，但认可程度由高到低的排序一致（MP>MT>DA>AC）；另一方面表现为对由这四个不同的含有具体内容的假言命题建构的四种推理形式的条件推理题进行推理时，同一种推理形式之间的差异虽然也都比较非常大，但两类实验范式之间具有大致相近的作答反应趋势。

上述研究结果表明，从某种意义上说，推理者在对某种假言命题的认可度和由它建构的四种推理题进行推理时，在概率推理实验范式中的作答或推理结果可以被视为只是对演绎推理实验范式中的相应推理题给出"概率解"的心理加工过程。

参 考 文 献

安德森（2012）. *认知心理学及其启示*. 第 7 版. 秦裕林，程瑶，周海燕等译. 北京：人民邮电出版社.

陈波.（2014）. *逻辑学导论*. 第 3 版. 北京：中国人民大学出版社.

胡笑羽，胡竹菁.（2019）. 中外两种推理理论的实验比较研究. *心理学探新,*（6），501-507.

胡笑羽，胡竹菁.（2020）. 条件推理："演绎"与"概率"两种实验研究范式之比较. *心理学探新, 40*（6），518-523.

胡竹菁.（1986）. 中学生直言性质三段论推理能力发展的调查研究. 山东：曲阜师范大学硕士学位论文.

胡竹菁.（1995）. 论三段论推理过程结论正确性的判定标准. 北京：北京师范大学博士学位论文.

胡竹菁.（1997，内刊）. 线性三段论的心理学推理综述. *心理学探新, 17*（4），43-48.

胡竹菁.（1999a）."命题推理"的心理学研究综述. *心理学探新, 19*（1），28-35.

胡竹菁.（1999b）."心理模型"与"知识和试题双重结构模型"的实验比较研究. *心理科学, 22*（4），362-364.

胡竹菁.（2000a）. 论演绎推理的"知识与试题双重结构模型". 见陈烜之，梁觉（编），*迈进中的华人心理学*（pp. 91-105）. 香港：香港中文大学出版社.

胡竹菁.（2000b）. *演绎推理的心理学研究*. 北京：人民教育出版社.

胡竹菁.（2002）. 推理心理研究中的逻辑加工与非逻辑加工评析. *心理科学, 25*（3），318-321，383.

胡竹菁.（2008）. 条件推理的条件概率模型述评. *心理学探新, 28*（2），25-32.

胡竹菁.（2009）. Johnson-Laird 的"心理模型"理论述评. *心理学探新, 29*（4），23-29.

胡竹菁.（2015）. 我在推理心理学领域中的研究历程. *心理与行为研究, 13*（5），599-605.

胡竹菁，胡笑羽.（2012）. Evans 双重加工理论的发展过程简要述评. *心理学探新, 32*（4），310-316.

胡竹菁，胡笑羽.（2015）. 人类推理的"推理题与推理知识双重结构模型". *心理学探新, 35*（3），

212-216.

胡竹菁, 胡笑羽. (2016). 《条件推理的条件概率模型》的新进展. *心理学探新, 36* (3), 211-216.

胡竹菁, 胡笑羽. (2018). 中外两种主要推理模型的实验再比较研究. *心理学探新, 38* (1), 31-35.

胡竹菁, 胡笑羽. (2020a). Braine 心理逻辑理论述评. *心理学探新, 40* (4), 309-317.

胡竹菁, 胡笑羽. (2020b). Rips 的"证明心理学理论"述评. *心理学探新, 40* (6), 510-517.

胡竹菁, 张厚粲. (1996). 论三段论推理过程中结论正确性的两种判断标准. *心理学报, 28* (1), 58-63.

胡竹菁, 朱丽萍. (2003). 推理结论正确性判定标准再探. *心理与行为研究, 1* (4), 248-251, 267.

胡竹菁, 朱丽萍. (2007). *人类推理的心理学研究*. 北京: 高等教育出版社.

胡竹菁, 余达祥, 戴海崎. (2002). 内容类别与表征方式对判定 THOG 问题的影响. *心理学报, 34* (3), 275-278.

胡竹菁, 周纯, 余达祥. (2009). 论条件推理中的两种"高概率结论效应". *心理科学, 32* (2), 266-269.

蒋柯. (2015). *归纳推理的心理学研究*. 北京: 世界图书出版公司.

库尔特·勒温 (1997). *拓扑心理学原理*. 竺培梁译. 杭州: 浙江教育出版社.

李国榕, 胡竹菁. (1986). 中学生直言性质三段论推理能力发展的调查研究. *心理科学通讯, 9* (6), 37-38.

刘志雅, 赵冬梅, 郑雪. (2003). 双陈述任务下演绎推理的错觉. *心理学报, 35* (5), 636-642.

彭聃龄. (2012). *普通心理学*. 第 4 版. 北京: 北京师范大学出版社.

《普通逻辑》编写组. (2011). *普通逻辑*. 第 5 版. 上海: 上海人民出版社.

邱江, 张庆林. (2005). 有关条件推理中概率效应的实验研究. *心理科学, 28* (3), 554-557.

史滋福, 张庆林. (2009). *贝叶斯推理的心理学研究*. 长春: 吉林大学出版社.

王墨耘. (2013). *当代推理心理学*. 北京: 科学出版社.

王甦, 汪安圣. (1992). *认知心理学*. 北京: 北京大学出版社.

王亚同. (1999). *类比推理*. 保定: 河北大学出版社.

余达祥, 胡竹菁, 王平. (2008). 最佳数据选择模型——华生选择任务的理性解释. *心理学探新, 28* (2), 33-35.

张向葵, 徐国庆. (2003). 有关类比推理过程中的图式归纳研究综述. *心理科学, 26* (5), 866-869.

张仲明, 李红, 陈璟. (2004). 三成分心理系统: 诠释传递性推理的新理论. *心理科学进展, 12* (1), 28-36.

《中国大百科全书》总编委会. (2009). *中国大百科全书（第14卷）*. 第二版. 北京：中国大百科全书出版社.

Adler, J. E., & Rips, L. J. (2008). *Reasoning：Studies of Human Inference and its Foundations.* Cambridge：Cambridge University Press.

Anderson, J. R. (2015). *Cognitive Psychology and its Implications* (8th Ed.). London：A Macmillan Education Company.

Braine, M. D. S. (1978). On the relation between the natural logic of reasoning and standard logic. *Psychological Review*, *85*, 1-21.

Braine, M. D. S., & O'Brien, D. P. O. (1998). *Mental Logic.* Mahwah：Lawrence Erlbaum Associates.

Braine, M. D. S., Reiser, B. J., & Rumain, B. (1984). Some empirical justification for a theory of natural propositional Logic. In G. Bower (Ed.), *The Psychology of Learning and Motivation：Advances in Research and Theory* (pp. 313-371). New York：Academic Press.

Bruner, J. S., & Goodnow, J. J., & Austin, G. A. (1956). *A Study of Thinking.* New York：John Wiley & Sons.

Byrne, R. M. J., & Johnson-Laird, P. N.(1989) Spatial reasoning. *Journal of Memory and Language*, *28* (5), 564-575.

Chaiken, S. (1980). Heuristic versus systematic information processing and the use of source versus message cues in persuasion. *Journal of Personality and Social Psychology*, *39*, 752-766.

Chapman, L. J., & Chapman, A. P. (1959). Atmosphere effect re-examined. *Journal of Experimental Psychology*, *58*, 220-226.

Cheng, P. W., & Holyoak, K. J. (1985). Pragmatic reasoning schemas. *Cognitive Psychology*, *17* (4), 391-416.

Clark, H. H., & Stafford, R. A. (1969). Memory for semantic features in the verb. *Journal of Experimental Psychology*, *80*, 326-334.

Copi, I. M., Cohen, C., & McMahon, K. (2014). *Introduction to Logic* (14th Ed.). Upper Saddle River：Pearson Education Limited.

Cosmides, L. (1989). The logic of social exchange：Has natural selection shaped how humans reason? Studies with the Wason selection task. *Cognition*, *31* (3), 187-276.

Craik, K. J. W. (1943). *The Nature of Explanation.* Cambridge：Cambridge University Press.

De Neys, W. (2018). *Dual Process Theory 2. 0.* New York：Routledge/Taylor & Francis Group.

De Soto, C. B., London, M., & Handel, L. S. (1965). Social reasoning and spatial paralogic. *Journal of Personality and Social Psychology*, *2* (4), 513-521.

Edward, W. (1968). Conservatism in human information processing. In B. Kleinmuntz (Ed.), *Formal Representation of Human Judgment* (pp. 17-52). New York：Wiley.

Epstein，S.（1994）. Integration of the cognitive and the psychodynamic unconscious. *American Psychologist，49*（8），709-724.

Epstein, S., & Pacini, R.（1999）Some basic issues regarding dual-process theories from the perspective of cognitive-experiential self-theory. In S. Chaiken， & Y. Trope（Eds.），*Dual-Process Theories in Social Psychology*（pp. 462-482）. New York：The Guildford Press.

Evans，J.（1980a）. Current issues in the psychology of reasoning. *British Journal of Psychology，71*（2），227-239.

Evans, J.（l980b）Thinking：Experiential and information processing approaches. In G. Claxton（Ed.），*Cognitive Psychology：New Directions*（pp. 275-299）. London：Routledge & Kegan Paul.

Evans，J.（1982）. *The Psychology of Deductive Reasoning*. London：Routledge and Kegan Paul.

Evans，J.（1983）. *Thinking and Reasoning*. Hove：Psychology Press.

Evans，J.（1984）. Heuristic and analytic processes in reasoning. *British Journal of Psychology，75*，451-468.

Evans，J.（1989）. *Bias in Human Reasoning：Causes and Consequences*. Hove：Lawrence Erlbaum Associates.

Evans，J.（2003）. In two minds：Dual-process accounts of reasoning. *Trends in Cognitive Sciences，7*，454-459.

Evans，J.（2006）. The heuristic-analytic theory of reasoning：Extension and evaluation. *Psychonomic Bulletin & Review，13*，378-395.

Evans，J.（2007）. *Hypothetical Thinking：Dual processes in Reasoning and Judgement*. Hove：Psychology Press.

Evans，J.（2008）. Dual-processing accounts of reasoning，judgment and social cognition. *Annual Review of Psychology，59*，255-278.

Evans，J.（2009）. How many dual-process theories do we need：One，two or many? In J. Evans， & K. Frankish（Eds.），*In Two Minds：Dual Processes and Beyond*（pp. 33-54）. Oxford：Oxford University Press.

Evans，J.（2010）. *Thinking Twice：Two Minds in One Brain*. Oxford：Oxford University Press.

Evans，J.（2014）. *Reasoning，Rationality and Dual Processes：Selected Works of Jonathan St B. T. Evans*. London：Taylor & Francis.

Evans，J.， & Frankish，K.（2009）. *In Two Minds：Dual Processes and Beyond*. Oxford：Oxford University Press.

Evans，J.， & Over，D. E.（1996）. *Rationality and Reasoning*. Hove：Psychology Press.

Evans，J.， & Over，D. E.（2004）. *If*. Oxford：Oxford University Press.

Evans，J.， & Stanovich，K. E.（2013）. Dual-process theories of higher cognition：Advancing the debate. *Perspectives on Psychological Science*, *8*（3）, 223-241.

Evans, J., & Wason, P. C.（1976）. Rationalization in a reasoning task. *British Journal of Psychology*, *67*（4）, 479-486.

Evans, J., Barston, J. L., & Pollard, P.（1983）. On the conflict between logic and belief in syllogistic reasoning. *Memory & Cognition*, *11*（3）, 295-306.

Evans, J., Newstead, S. E., & Byrne, R. M. J.（1993）. *Human Reasoning: The Psychology of Deduction*. Hove: Lawrence Erlbaum Associates.

Eysenck, M. W., & Keane, M. T.（2000）. *Cognitive Psychology*（4th Ed.）. New York: Psychology Press.

Eysenck, M. W., & Keane, M. T.（2005）. *Cognitive Psychology*（5th Ed.）. New York: Psychology Press.

Eysenck, M. W., & Keane, M. T.（2010）. *Cognitive Psychology*（6th Ed.）. New York: Psychology Press.

Eysenck, M. W., & Keane, M. T.（2015）. *Cognitive Psychology*（7th Ed.）. New York: Psychology Press.

Frase, L. T.（1966）. Validity judgments of syllogisms in relation to two sets of terms. *Journal of Educational Psychology*, *57*（5）, 239-245.

Frase, L. T.（1968）. Associative factors in syllogistic reasoning. *Journal of Experimental Psychology*, *76*, 407-412.

Flanagan, O.（1984）. *The Science of the Mind*. Cambridge: MIT Press.

Gentner, D.（1983）. Structure-mapping: A theoretical framework for analogy. *Cognitive Science*, *7*（2）, 155-170.

Gigerenzer, G., & Hoffrage, U.（1995）. How to improve Bayesian reasoning without instruction: Frequency formats. *Psychological Review*, *102*（4）, 684-704.

Gigerenzer, G., & Goldstein, D. G.（1999）. Betting on one good reason: The take the best heuristic. In G. Gigerenzer, P. M. Todd, & The ABC Research Group（Eds.）, *Simple Heuristics That Make Us Smart*（pp. 75-95）. Oxford: Oxford University Press.

Girotto, V., & Legrenzi, P.（1993）. Naming the parents of the THOG: Mental representation and reasoning. *The Quarterly Journal of Experimental Psychology*, *46*（4）, 701-713.

Goel, V., & Dolan, R. J.（2003）. Explaining modulation of reasoning by belief. *Cognition*, *87*（1）, 11-22.

Goel, V., Buchel, C., Frith, C., & Dolan, R. J.（2000）. Dissociation of mechanisms underlying syllogistic reasoning. *Neuroimage*, *12*, 504-514.

Griggs, R. A., & Newstead, S. E.（1982）. The role of problem structure in a deductive reasoning task. *Journal of Experimental Psychology: Learning, Memory, and Cognition, 8* (4), 297-307.

Hammond, K. R. (1996). *Human Judgment and Social Policy.* Oxford: Oxford University Press.

Hardman, D., & Macchi, L. (2003). *Thinking: Psychological Perspectives on Reasoning, Judgment and Decision Making.* West Sussex: John Wiley & Sons Ltd.

Hattori, M. (2016). Probabilistic representation in syllogistic reasoning: A theory to integrate mental models and heuristics. *Cognition, 157,* 296-320.

Henle, M. (1962). On the relation between logic and thinking. *Psychological Review, 69* (4), 366-378.

Holland, J. H., Holyoak, K. J., Nisbett, R. E., & Thagard, P. R. (1986). *Induction: Processes of Inference, Learning, and Discovery.* Cambridge: MIT Press.

Holyoak, K. J. (1985). The pragmatics of analogical transfer. In G. H. Bower (Ed.), *The Psychology of Learning and Motivation* (pp. 59-87). New York: New York Academic Press.

Holyoak, K. J., & Morrison, R. G. (2005). *The Cambridge Handbook of Thinking and Reasoning.* Cambridge: Cambridge University Press.

Holyoak, K. J., & Morrison, R. G. (2012). *The Oxford Handbook of Thinking and Reasoning.* Oxford: Oxford University Press.

Hull, C. L. (1920). Quantitative aspects of evolution of concepts: An experimental study. *Psychological Monographs, 28* (1), 1-86.

Hunter, I. M. L. (1957). The solving of three-term series problems. *British Journal of Psychology, 48,* 286-298.

Huttenlocher, J. (1968). Constructing spatial images: A strategy in reasoning. *Psychological Review, 75* (6), 550-560.

Janis, I. L., & Frick, F. (1943). The relationship between attitudes towards conclusions and errors in judging logical validity of syllogisms. *Journal of Experimental Psychology, 33,* 73-77.

Johnson-Laird, P. N. (1978). The meaning of modality. *Cognitive Science, 2* (4), 17-26.

Johnson-Laird, P. N. (1980). Mental models in cognitive science. *Cognitive Science, 4* (1), 71-115.

Johnson-Laird, P. N. (1983). *Mental Models: Towards a Cognitive Science of Language, Inference and Consciousness.* Cambridge: Harvard University Press.

Johnson-Laird, P. N. (1986). Conditionals and mental models. In E. C. Traugott, A. Meulen, J. S. Reilly, & C. A. Ferguson(Eds.), *On Conditionals*(pp. 55-75). Cambridge: Cambridge University Press.

Johnson-Laird, P. N. (1990). *Propositional Reasoning: An Algorithm for Deriving Parsimonious Conclusions.* Princeton: Princeton University.

Johnson-Laird, P. N. (1993). *Human and Machine Thinking.* Mahwah: Lawrence Erlbaum Associates.

Johnson-Laird, P. N. (1999). Deductive reasoning. *Annual Review of Psychology, 50* (1), 109-135.

Johnson-Laird, P. N. (2001). Mental models and deduction. *Trends in Cognitive Sciences, 5* (10), 434-442.

Johnson-Laird, P. N. (2004a). The history of mental models. In K. Menktelow, & M. C. Chung (Eds.), *Psychology of Reasoning* (pp. 180-212). Hove: Psychology Press.

Johnson-Laird, P. N. (2004b). Mental models and reasoning. In J. P. Leighton, & R. J. Sternberg (Eds.), *The Nature of Reasoning* (pp. 169-204). Cambridge: Cambridge University Press.

Johnson-Laird, P. N. (2005). Mental models and thought. In K. J. Holyoak, & R. G. Morrison (Eds.), *The Cambridge Handbook of Thinking and Reasoning* (pp. 185-208). Cambridge: Cambridge University Press.

Johnson-Laird, P. N. (2006). *How We Reason.* Oxford: Oxford University Press.

Johnson-Laird, P. N. (2008). Mental models and deductive reasoning. In J. E. Adler, & L. J. Rips (Eds.), *Reasoning: Studies of Human Inference and its Foundations* (pp. 206-222). Cambridge: Cambridge University Press.

Johnson-Laird, P. N. (2010) Mental models and human reasoning. *Proceedings of the National Academy of Sciences of the United States of America, 107* (3), 18243-18250.

Johnson-Laird, P. N. (2012). Inference with mental models. In K. Holyoak, & R. G. Morrison (Eds.), *The Oxford Handbook of Thinking and Reasoning* (pp. 134-154). Oxford: Oxford University Press.

Johnson-Laird, P. N. (2013). Mental models and cognitive change. *Journal of Cognitive Psychology, 25* (2), 131-138.

Johnson-Laird, P. N., & Bara, B. G. (1984). Syllogistic inference. *Cognition, 16* (1), 1-61.

Johnson-Laird, P. N., & Byrne, R. M. J. (1991). *Deduction.* Hillsdale: Lawrence Erlbaum Associates.

Johnson-Laird, P. N., & Steedman, M. (1978). The psychology of syllogisms. *Cognitive Psychology, 10* (1), 64-99.

Johnson-Laird, P. N., & Wason, P. C. (1970). Insight into a logical relation. *Quarterly Journal of Experimental Psychology, 22*, 49-61.

Johnson-Laird, P. N., Byrne, R. M. J., & Schaeken, W. S. (1992). Propositional reasoning by model. *Psychological Review, 99* (3), 418-439.

Johnson-Laird, P. N., Byrne, R. M. J., & Tabossi, P. (1989). Reasoning by model: The case of multiple quantification. *Psychological Review, 96*, 658-673.

Johnson-Laird, P. N., Legrenzi, P., Girotto, V., Legrenzi, M. S., & Caverni, J. P. (1999). Naive probability: A mental model theory of extensional reasoning. *Psychological Review, 106*, 62-88.

Kahneman, D., & Tversky, A. (1979). Prospect theory: An analysis of decision under risk. *Economica, 47* (2), 263-292.

Kahneman, D., & Slovic, P., & Tversky, A. (1982). *Judgement Under Uncertainty: Heuristics and Biases*. Cambridge: Cambridge University Press.

Kaufman, H., & Goldstein, S. (1967). The effects of emotional value of conclusions upon distortion in syllogistic reasoning. *Psychonomic Science, 7*, 367-368.

Kirby, K. N. (1994). Probabilities and utilities of fictional outcomes in Wason's four-card selection task. *Cognition, 51* (1), 1-28.

Klein, G. (1998). *Sources of Power: How People Make Decisions*. Cambridge: MIT Press.

Krawczyk, D. C. (2018). *Reasoning: The Neuroscience of How We Think*. Elsevier: Academic Press.

Lefford, A. (1946). The influence of emotional subject matter on logical reasoning. *Journal of General Psychology, 34*, 127-151.

Levinson, S. C. (1995). Interactional biases in human thinking. In E. Goody (Ed.), *Social Intelligence and Interaction* (pp. 221-260). Cambridge: Cambridge University Press.

Lieberman, M. D. (2003). Reflective and reflexive judgment processes: A social cognitive neuroscience approach. In J. P. Forgas, K. R. Williams, & W. von Hippel (Eds.), *Social Judgments: Implicit and Explicit Processes* (pp. 44-67). New York: Cambridge University Press.

Markovits, H., & Nantel, G. (1989). The belief-bias effect in the production and evaluation of logical conclusions. *Memory & Cognition, 17* (1), 11-17.

Menktelow, K. I. (1999). *Reasoning and Thinking*. New York: Psychology Press.

Menktelow, K. I. (2012). *Thinking and Reasoning: An Introduction to the Psychology of Reason, Judgment and Decision Making*. New York: Psychology Press.

Menktelow, K. I., & Chung, M. C. (2004). *Psychology of Reasoning: Theoretical and Historical Perspectives*. Hove: Psychology Press.

Menktelow, K. I., Over, D. E., & Elqayam, S. (2011). *The Science of Reason: A Festschrift for Jonathan St B. T. Evans*. Hove: Psychology Press.

Mynatt, C. R., & Doherty, M. E., & Dragan, W. (1993). Information relevance, working memory, and the consideration of alternatives. *The Quarterly Journal of Experimental Psychology, 46* (4), 759-778.

Needham, W. P., & Amado, C. A. (1995). Facilitation and transfer with narrative thematic versions of the THOG task. *Psychological Research, 58*, 67-73.

Newell, A. (1990). *Unified Theories of Cognition*. Cambridge: Harvard University Press.

Newell, A., & Simon, H. A. (1972). *Human Problem Solving*. Englewood Cliffs: Prentice-Hall.

Niebett, R. E., Peng, K., Choi, I., & Norenzayan, A. (2001). Culture and systems of thought: Holistic versus analytic cognition. *Psychological Review, 108*, 291-310.

Oakhill, J. V., & Johnson-Laird, P. N. (1985). The effects of belief on the spontaneous production of syllogistic conclusions. *The Quarterly Journal of Experimental Psychology, 37*（4）, 553-569.

Oakhill, J. V., Johnson-Laird, P. N., & Garnham A.（1989）. Believability and syllogistic reasoning. *Cognition, 31*（2）, 117-140.

Oaksford, M., & Chater, N.（1994）. A rational analysis of the selection task as optimal data selection. *Psychological Review, 101*（4）, 608-631.

Oaksford, M., & Chater, N.（2003）Computational levels and conditional inference: Reply to Schroyens and Schaeken（2003）. *Journal of Experimental Psychology: Learning, Memory, and Cognition, 29*（1）, 150-156.

Oaksford, M., & Chater, N.（2007）. *Bayesian Rationality: The Probabilistic Approach to Human Reasoning.* Oxford: Oxford University Press.

Oaksford, M., & Chater, N.（2010）. *Cognition and Conditionals.* Oxford: Oxford University Press.

Oaksford, M., Chater, N., & Larkin, J.（2000）. Probabilities and polarity biases in conditional inference. *Journal of Experimental Psychology: Learning, Memory, and Cognition, 4*, 883-899.

Oaksford, M., Chater, N., Grainger, B., & Larkin, J.（1997）. Optimal data selection in the reduced array selection task（RAST）. *Journal of Experimental Psychology: Learning, Memory, and, Cognition, 23*（2）, 441-458.

O'Brien, D. P.（1995）. Finding logic in human reasoning requires looking in the right places. In S. E. Newstead, & J. Evans（Eds.）, *Perspectives on Thinking and Reasoning: Essays in Honour of Peter Wason*（pp. 189-216）. Hove: Psychology Press.

Osgood, C. E.（1953）. *Method and Theory in Experimental Psychology.* Oxford: Oxford University Press.

Osherson, D. N., Smith, E. E., Wilkie, O., López, A., & Shafir, E.（1990）. Category-based induction. *Psychological Review, 97*（2）, 185-200.

Politzer, G.（2004）. Some precursors of current theories of syllogistic reasoning. In K. I. Menktelow, & M. C. Chung（Eds.）, *Psychology of Reasoning: Theoretical and Historical Perspectives*（pp. 223-250）. Hove: Psychology Press.

Pollock, J. L.（1991）. OSCAR: A general theory of rationality. In R. Cummins, & J. L. Pollock（Eds.）, *Philosophy and AI: Essays at the Interface*（pp. 189-213）. Cambridge: MIT Press.

Raven, J. C.（1938）. *Progressive Matrices: A Perceptual Test of Intelligence.* London: Lewis.

Reber, A. S.（1993）. *Implicit Learning and Tacit Knowledge.* Oxford: Oxford University Press.

Revlin, R., & Mayer, R. E.（1978）. *Human Reasoning.* New York: Wiley.

Revlin, R., & Leirer, V. O.（1978）. The effect of personal biases on syllogistic reasoning: Rational decisions from personalized representations. In R. Revlin, & R. E. Mayer（Eds.）, *Human*

Reasoning (pp. 51-81). New York: Wiley.

Revlin, R., Leirer, V., Yopp, H., & Yopp, R. (1980). The belief-bias effect in formal reasoning: The influence of knowledge on logic. *Memory & Cognition*, *8* (6), 584-592.

Revlis[①], R. (1975a). Syllogistic reasoning: Logical decisions from a complex data base. In R. J. Falmagne (Ed.), *Reasoning: Representation and Process* (pp. 93-133). New York: Wiley.

Revlis, R. (1975b). Two models of syllogistic reasoning: Feature selection and conversion. *Journal of Verbal Learning and Verbal Behavior*, *14* (2), 180-195.

Rips, L. J. (1975). Inductive judgments about natural categories. *Journal of Verbal Learning and Verbal Behavior*, *14* (6), 665-681.

Rips, L. J. (1983). Cognitive processes in propositional reasoning. *Psychological Review*, *90* (1), 38-71.

Rips, L. J. (1994). *The Psychology of Proof: Deductive Reasoning in Human Thinking*. Cambridge: MIT Press.

Rips, L. J. (2008). Logical approaches to human deductive reasoning. In J. E. Adler, & L. J. Rips (Eds.), *Reasoning: Studies of Human Inference and its Foundations* (pp. 187-205). Cambridge: Cambridge University Press.

Schroyens, W., & Schaeken, W. (2003). A critique of Oaksford, Chater, and Larkin's (2000) conditional probability model of conditional reasoning. *Journal of Experimental Psychology: Learning, Memory, and Cognition*, *29*, 140-149.

Shannon, C. E., & Weaver, W. (1949). *The Mathematical Theory of Communication*. Urbana: University of Illinois Press.

Simon, H. A. (1990). Invariants of human behavior. *Annual Review of Psychology*, *41*, 1-19.

Sloman, S. A. (1996). The empirical case for two systems of reasoning. *Psychological Bulletin*, *119* (1), 3-22.

Smyth, M. M., & Clark, S. E. (1986). My half-sister is a THOG: Strategic processes in a reasoning task. *British Journal of Psychology*, *77* (2), 275-287.

Sperber, D., Cara, F., & Girotto, V. (1995). Relevance theory explains the selection task. *Cognition*, *57* (1), 31-95.

Stanovich, K. E. (1999). *Who is Rational? Studies of Individual Differences in Reasoning*. Mahwah: Lawrence Erlbaum Associates.

Sternberg, R. J. (1980). Representation and process in linear syllogistic reasoning. *Journal of Experimental Psychology: General*, *109* (2), 119-159.

---

① Revlis R 和 Revlin R 指的是同一个人，正文中同一人名为保持一致，统一使用"Revlin"的写法，特此说明。

Störring, G. (1908). Experimentelle untersuchungen über einfache schlussprozesse. *Archiv für die Gesamte Psychologie, 11*, 1-127.

Störring, G. (1925). Allgemeine Bestimmungen uber Denkprozesse und kausale Behandlung einfacher experimentell gewonnener Schlussprozesse. *Archiv für die Gesamte Psychologie, 52*, 1-60.

Störring, G. (1926a). Psychologie der disjunktiven und hypothetischen Urteile und Schliisse. *Archiv für die Gesamte Psychologie, 54*, 23-84.

Störring , G. (1926b). Psychologie der zweiten und dritten Schlussfigur und allgemeine Gesetzmassigkeiten der Schlussprozesse. *Archiv für die Gesamte Psychologie, 55*, 47-110.

Störring, G. (1926c). *Das Urteilende und Schliessende Denken in Kausaler Behandlung.* Leipzig: Akademische Verlagsgesellschaft.

Wason, P. C. (1960). On the failure to eliminate hypotheses in a conceptual task. *Quarterly Journal of Experimental Psychology, 12* (3), 129-140.

Wason, P. C. (1966). Reasoning. In B. M. Foss (Ed.), *New Horizons in Psychology* (pp. 135-151). Harmondsworth: Penguin.

Wason, P. C. (1968). On the failure to eliminate hypotheses—A second look. In P. C. Wason & P. N. Johnson-Laird (Eds.), *Thinking and Peasoning* (pp. 165-174). Baltimore: Penguin.

Wason, P. C. (1977). Self-contradictions. In P. N. Johnson-Laird, & P. C. Wason (Eds.), *Thinking: Readings in Cognitive Science* (pp. 114-128). Cambridge: Cambridge University Press.

Wason, P. C., & Brooks, P. G. (1979). THOG: The anatomy of a problem. *Psychological Research, 41*, 79-90.

Wason, P. C., & Evans, J. (1975). Dual processes in reasoning? *Cognition, 3* (2), 141-154.

Wason, P. C., & Johnson-Laird, P. N. (1968). *Thinking and Reasoning.* Harmondsworth: Penguin.

Wason, P. C., & Johnson-Laird, P. N. (1972). *Psychology of Reasoning: Structure and Content.* Cambridge: Harvard University Press.

Wilkins, M. C. (1928). *The effect of changed material on ability to do formal syllogistic reasoning.* New York: Columbia University.

Wilson, T. D. (2002). *Strangers to Ourselves: Discovering the Adaptive Unconscious.* Cambridge: Havard University Press.

Woodworth, R. S., & Sells, S. B. (1935). An atmosphere effect in formal syllogistic reasoning. *Journal of Experimental Psychology, 18*, 451-460.

后　　记

　　2014 年，本书两位作者合作申报并获批国家自然科学基金项目"推理心理学几种主要理论模型的实验比较研究"（项目批准号：31460252），经过四年半的共同努力，在发表系列文章的基础上，经国家自然科学基金委员会的审核后，于 2019 年 3 月准予结题。从某种意义上说，本书是对两位作者在共同完成这一课题的过程中所做研究结果的总结。

　　科学研究中的任何一项研究都是研究者在已有研究基础上进行的，本书也不例外。

　　本书第一作者自 1985 年在硕士生导师李国榕先生的指导下开始在人类推理领域选择课题进行硕士学位论文的研究，主要研究结果《中学生直言性质三段论推理能力发展的调查研究》一文在《心理科学通讯》（后更名为《心理科学》）1986 年第 6 期上发表。1995 年，又在我国著名心理学家张厚粲先生的指导下，完成了题为"论三段论推理过程结论正确性的判定标准"的博士学位论文的研究，主要实验发表于《心理学报》1996 年第 1 期上。而后，先后出版了两部推理心理学的学术专著：《演绎推理的心理学研究》（人民教育出版社，2000）和《人类推理的心理学研究》（高等教育出版社，2007）。

　　本书第二作者在白学军教授的指导下于 2010 年获得心理学博士学位，2013 年，又在方平教授的指导下完成了博士后的相关研究，当年被引进江西师范大学心理学院工作，之后不久就正式加入以本书第一作者领衔的"推理心理学"研究团队中合作进行研究。

与本书第一作者的前两部专著内容相比较，本书主要在以下四个方面有较大突破。

1）经两位作者多次讨论，在第一作者提出的原名为"知识与试题双重结构模型"基础上修改完善的"推理题与推理者的推理知识双重结构模型"（参见本书第七章）在理论内涵上更为丰富，重新绘制的模型图也与该模型的理论内涵更为契合，并且由两位作者共同设计完成的与其他几个主要的西方心理学理论模型的比较研究在自变量控制方面更为合理，所得到的研究结果也较之前的研究结果更有说服力。

2）英国心理学家 Johnson-Laird 提出的心理模型理论是推理心理学研究领域中影响最大的理论模型，虽然本书第一作者在前两部专著中对这一模型都有过介绍，但所介绍的内容还存在着不完善之处。本书两位作者在共同研究 Johnson-Laird 最近十几年发表的各种学术文献的基础上，于本书第四章所介绍的这一理论的内涵较之前更为完整和准确。

3）双重加工理论是推理心理学研究领域中另外一种影响极大的理论，出于某些缘故，本书第一作者在前两部专著中都没有对这一模型有过介绍。本书第五章对 Evans 的双重加工理论进行专章介绍，可以使读者更为准确地把握西方学者在推理心理学领域提出的主要理论。

4）本书第一作者过去介绍的心理逻辑理论主要是由 Braine 等提出的，但是，由 Rips 提出的证明心理学在推理心理学领域的影响似乎也不亚于前一理论，因此本书第三章特别加上 Rips 提出的证明心理学理论。21 世纪后，由 Oaksford 等提出的条件推理的条件概率模型也有较大的发展，因此本书第六章增补了 Oaksford 等提出的条件推理的条件概率模型的新内涵。通过这两章内容的增补，相信读者能够对心理逻辑理论和条件推理的条件概率模型有更完整与更准确的理解，能够知道这些理论是怎么解释人类推理的心理加工过程的。

我国著名心理学家张厚粲先生在为本书第一作者过去出版的两部专著作序时都曾指出，任何学术性著作的出版均有其局限性，但对于一本学术性著作来说，只要它的出版能够对该研究领域有所推进,对后来的研究者有所启发,也就有其存在价值了。

本书在申报并获批 2020 年度国家科学技术学术著作出版基金资助项目的过程中,曾得到莫雷、叶浩生和许燕等著名心理学家的大力推荐和支持;科学出版社的朱丽娜编辑和冯雅萌编辑在审读过程中也提出过许多有益于完善本书内容的意见,在此谨对上述专家和编辑表达我们的衷心感谢。

希望本书的出版对愿意从事推理心理学研究的后来者有所启发和帮助。

胡竹菁　胡笑羽